결혼생활 행복하세요?

결혼생활 행복하세요?

초 판 1쇄   2020년 08월 11일

지은이 이창순
펴낸이 류종렬

펴낸곳 미다스북스
총괄실장 명상완
책임편집 이다경
책임진행 박새연 김가영 신은서 임종익
본문교정 최은혜 강윤희 정은희 정필례

등록 2001년 3월 21일 제2001-000040호
주소 서울시 마포구 양화로 133 서교타워 711호
전화 02) 322-7802~3
팩스 02) 6007-1845
블로그 http://blog.naver.com/midasbooks
전자주소 midasbooks@hanmail.net
페이스북 https://www.facebook.com/midasbooks425

ISBN 978-89-6637-829-6 03590

값 15,000원

미다스북스는 다음세대에게 필요한 지혜와 교양을 생각합니다.

결혼생활 행복하세요?

행복하려고 한 결혼이다! 행복해질 수 있다!

미다스북스

들어가는 말

우리가 싸우는 진짜 이유는 무엇일까?

결혼하는 사람들은 누구나가 행복하기를 원한다. 그러나 행복한 결혼은 생각처럼 쉽지가 않다. 왜일까? 행복한 결혼생활을 위해서는 할 일이 있지만, 사람들은 행복이 노력하지 않아도 사랑만으로 얻는 것인 줄 안다. 배우자가 이루어주기만 바라고 있다. 행복한 결혼생활을 하지 못하는 이유를 배우자의 잘못으로 돌린다. 그러나 37년여 결혼생활을 돌아보니 모든 문제는 나에게 있었다. 우리가 진짜 싸우는 이유가 있었던 것이다. 『결혼생활 행복하세요?』는 37여 년 결혼생활 가운데 이혼의 위기를 극복하고, 결국 행복한 결혼생활에 이르는 사연을 담았다.

결혼생활은 실전이다. 이론적으로는 결혼생활은 쉽다고 할 수 있다. 하지만 실제로 해보면 어렵다. 혹자는 "행복한 결혼생활을 하는 사람이 어디 있겠어요. 아마도 99%는 불행할 거예요."라고 한다. 역으로 "불행한데 어떻게 같이 살아요?"라고 물으면, 1초도 망설이지 않고 즉각적인 대답을 한다. "아이 때문에 참고 사는 거지요." 그러나 이제 아이 때문에 참고 사는 것도 옛말이다. 아이 때문에 왜 내 인생을 포기하느냐며 이혼을 강행한다. 이혼이 더 이상 흠이 아닌 시대가 되었다. 그러나 이혼만이 능사일까? 부모가 이혼하면 자녀들에게 얼마나 많은 아픔이 따르는지 아는가? 자녀가 부모의 이혼으로 얼마나 힘들게 사는지 아는가?

『결혼생활 행복하세요?』에는 나의 행복은 물론, 부부 행복, 자녀의 행복을 위한 과정과 기술을 담았다. 나는 이혼한 부모로 인해 받은 상처를 자녀에게 물려주지 않으려고 많이 노력했다. 행복하려고 한 결혼의 행복을 위하여 많이 노력해야 한다. 행복한 결혼은 노력이다.

불행하다고 생각하는 당신, 행복한 삶을 위하여 얼마나 노력을 하는가? 우리는 돈을 버는 데는 많은 노력을 기울이지만 행복한 삶을 위한 노력에는 인색하다. 행복한 결혼생활을 바라고는 있지만 정작 노력을 하지 않는다. 그러다 보니 행복한 결혼생활보다는 불행한 결혼생활에 머물러 있다. 부부는 평생 남이라고 하지 않는가. 평생 남남끼리 살아가려면 함께 노력해야 한다. 서로 다른 배경에서 자란 사람들이 만났다. 반쪽이 모여 하나를 이룬다. 그러니 서로 반쪽을 채우려면 더 많은 노력이 필요하겠다.

그래도 여자들은 노력한다. 고민이 있으면 상담소도 찾아간다. 책도 사본다. 어떤 경우에는 텔레비전에 나가는 것도 불사한다. 친구에게 도움을 요청하기도 한다. 적극적으로 해결을 위한 모색이 필요하다는 것을 느낀다. 나도 상담소를 찾아가서 가장 어려웠던 문제를 해결했다.

반면에 남자들은 어떠한가? 남자들은 대체로 노력을 하지 않는다. 오직 돈을 버는 일에만 몰두한다. 문제가 발생하면 어찌할 바를 모른다. 자기 머리로만 해결하려고 한다. 한계가 있음에도 인정하지 않는다. 쩔쩔매고 결국 마지막 결심을 한다. 여자가 하는 대로 따라간다. 시댁의 일도 마찬가지다. 남편 가족이 우위를 점하고 있다고 안심하나 보다. 여자의 생각은 빛과 같이 빠르게 변하는데도 말이다. 남편도 공부를 해야 한다. 직장의 승진에만 목매지 말라. 가정에서도 승진하면 좋겠다. 여자가 시댁 일로 어려워할 때 위로해줄 그 무엇인가를 준비해놓으면 좋겠다. 시댁에 대한 불만이 있으면 왜 그런 생각을 하느냐고 타박만 하지 말아야 한다. 이제는 시대가 변하였다. 간혹 여자의 지위가 높아진다고 우려하는 사람들도 있다. 천만의 말씀이다. 뼛속 깊이 박힌 가부장적 권위는 대대로 유전된다. 3대는 더 내려갈 듯하다. 남자들이여, 적극적으로 행복한 결혼생활을 위한 노력을 하시라.

우리 부부가 진짜 싸우는 이유, 있었다. 세상에 싸우지 않고 사는 부부는 없을 것이다. 싸우지 않고 산다면 그건 기적이다. 우리 부부도 티격태격 늘 싸운다. 대체 어떤 문제로 싸우는가? 왜 그렇게 싸울까? 우리 부부의 싸움은 사소한 것으로부터 시작된다. 신혼 초나 37년이 지난 요즈음이나 똑같다. 남편이 '왜?'라는 말과 지시적인 말을 할 때 싸움을 하게 된다. 남편과 말을 하다가 남편이 '왜?'라는 말을 하면 나는 가슴이 답답해진다. 남편에게 지적을 당하면 반감이 일어난다. 남편이 '왜'라는 말과 지시하는 투로 말하는 이유가 궁금하다. 나는 또 왜 그 말들에 가슴이 답답하고 그토록 싫은 것인지…. 그것은 나의 문제였다. 남편과 결혼하여 37년을 살면서 노력하다 보니 해결할 방도가 찾아지더라.

이러한 나의 경험들은 물론, 어떻게 방법을 찾았는지, 그 방법이 무엇인지까지 이 책에 담았다. 나의 이야기들이 이 책을 읽는 분들의 결혼생활에 행복을 가져다줄 수 있기를 바란다.

목 차

3장 노력 없이 내 마음에 쏙 드는 배우자는 없다

4장 상처뿐인 결혼생활을 회복하는 기술 8가지

5장 부부관계, 지금보다 더 좋아질 수 있다

1 장

행복하려고 했는데
왜 불행할까?

1

행복과 불행은 한 끗 차이

행복과 불행은 어떻게 한 끗 차이인가? 같은 상황에서 행복하다고 느끼는 사람이 있다. 반면에 그렇지 않은 사람도 있다. 결국 그 상황을 어떻게 받아들이느냐에 달려 있다. 아래의 항목은 행복과 불행에 대한 인식을 가늠해보는 지표이다. 나는 어느 유형에 해당하는지 재미로 한번 살펴보는 것도 좋겠다고 생각하여 나열해본다.

- 행복하면서 행복을 모르는 사람이 있다.
- 행복하면서 행복한 것을 아는 사람이 있다.
- 불행하면서 불행한 것을 모르는 사람이 있다.
- 불행하면서 불행한 것을 아는 사람이 있다.

- 행복한지 불행한지 둘 다 모르는 사람이 있다.
- 불행하면서 행복한 줄 아는 사람이 있다.
- 행복하면서 불행한 줄 아는 사람이 있다.

행복과 불행은 내가 어떻게 받아들이느냐에 달려 있다. 행복과 불행을 측정할 수 있을까? 행복과 불행을 어떤 수치로 계산할 수는 없다는 생각이다. 사람마다 느끼는 감도가 다를 테니까 말이다. 다양한 영역이 있을 터인데 그것을 객관화하면 자신의 행복을 가늠할 수 있을 거라고 생각해 본다. 객관적인 지표가 어디에 있을지도 모른다. 나의 행복의 척도는 무엇인가? 내가 하고자 하는 것을 얼마나 이룰 수 있는가를 가늠하는 것이다. 결혼 초에는 내가 원하는 것을 이루기가 어려웠다. 아이들을 키우다 보니 제한되는 것이 많았다. 남편에게 제지당하는 것도 많았다. 제지당하는 것들로 인해 불행하다는 생각을 많이 했다. 특히 '왜'라는 말과 지시적인 말로 많이 힘들었다. 그로 인하여 불행을 느낀 것이다. 지금도 그 말은 여전하지만 이제는 불행을 느끼지 않는다. 할 말을 하고 살기 때문이다.

행복하면서 행복한 것을 아는 사람이 되면 좋겠다. 불행하면서 불행한 것을 모르는 사람도 괜찮다. 불행하면서 행복한 줄 아는 사람도 좋을 것 같다. 그러나 행복하면서 행복을 모르는 사람, 불행하면서 불행한 것을 아는 사람, 행복하면서 불행한 줄 아는 사람, 행복한지 불행한지 모르는 사람들은 어쩌나?

불행하면서 불행한 것을 모르는 사람이 있었다. 지인 부부 중에 남편은 가부장적이고, 아내는 순종적인 부부가 있었다. 가깝게 지냈을 때 그 아내는 우리 부부를 부러워했다. 우리는 자기들보다 평등한 부부라고 했던 것 같다. 그 아내는 남편의 말에는 무조건 '네' 하는 타입이었다. 우리보다 젊은 부부인데도 남편이 상당히 가부장적이었다. 아내는 서서히 그들 부부의 삶을 들여다보기 시작했다. 그리고 '나는 인간 대접을 못 받는구나.' 하면서 나를 부러워했다. 우리는 그 부부를 보고 행복하다고 생각했다.

그 부부는 멀리 이사 갔다. 멀리 떨어져 살다 보니 자주 보지는 못한다. 한 번씩 소식을 듣는다. 그 아내는 이제 남편에게 순종적이지 않다고 한다. 이쯤 되면 그 남편이 어려워진다. 남편이 빨리 감지하고 변해야 할 시점이다. 그런데 남편은 요지부동이라고 한다. 그래서 불행하다고 한다. 만일 그 부부가 자기들만 살았다면 불행하다고 느끼지 않았을 것이다. 어찌 보면 행복은 상대적인 것 같다.

불행하면서 행복한 줄 알고 사는 부부도 있다. 내가 보기에는 행복해

보이는 지인 부부가 있었다. 그 부부는 24시간 함께 생활한다. 배드민턴을 치는 취미 생활도 같다. 대개 부부가 함께하다 보면 의견충돌이 다반사로 일어난다.

하지만 그 부부는 전혀 싸우지 않는다고 했다. 남편은 아내가 하는 일에 대하여 적극 지원을 한다고 했다. 아내는 늘 남편 칭찬을 잘하는 것 같았다. 서로가 참 잘 맞는 부부라고 생각했다.

그런데 한날 자기 남편은 말이 없어서 답답하다고 했다. 융통성이 없어서 싫다며 불행하다고까지 말했다. 다만 말을 안 하는 것뿐이라는 것이었다. 놀라웠다. 행복과 불행은 한 끗 차이라더니.

나는 행복하면서도 행복을 모르는 사람이었다. 멀리 이사 간 부부에 비하면 말이다. 늘 티격태격하는 우리는 불행하다고 생각했다. 불행하면서도 행복한 줄 알고 사는 부부를 보고, 이제는 불행하다는 생각을 하지 않는다. 싸움하지 않는 부부가 반드시 행복하지만은 않다는 것을 알았다. 큰소리로 싸울 수도 있다고 생각한다. 싸워도 이제는 세탁기를 붙잡고 울지 않는다. '당신과 나는 똑같은 인간이야. 인간은 할 말을 할 수 있어. 인간은 화를 낼 수도 있어.' 요즘에는 서로 의견이 맞지 않았을 뿐이라고 생각한다. '어떻게 의견이 다 맞을 수 있어?'

오늘 아침에는 옆지기가 살짝 오더니 말했다.

옆 : 우리 함께한 지 37년이나 되었네.

나 : (눈 껌뻑껌뻑하면서) 가만히 생각해보니 그러네.

옆 : (씨익 웃으면서) 돌아보니 참 많은 일이 있었다. 그치?

나 : (킥킥 대면서) 티격태격 아웅다웅하면서 세월이 많이 지났네.

옆 : (대견한 듯이) 부모님과 산 것보다 더 많이 살았네.

나, 옆: (미소를 지으며) 그러네. 이제 더 잘 살아보세. 그러세.

우리는 행복한 삶을 위하여 얼마나 노력을 하는가? 부부는 평생 남이라고 하지 않는가. 평생 남과 함께 살아가려면 노력해야 한다. 반쪽끼리 만나 반쪽을 채우려면 더 많은 노력이 필요하겠다. 여자들은 그래도 노력을 한다. 고민이 있으면 상담소도 찾아간다. 책도 사본다. 어떤 경우는 텔레비전에 나가는 것도 불사한다. 친구에게 도움을 요청하기도 한다. 적극적으로 해결을 모색한다.

그러나 남자들은 노력을 하지 않는다. 오직 돈을 버는 일에만 몰두한다. 그러다가 문제가 발생하면 어찌할 바를 모른다. 자기 머리로만 해결하려고 한다. 나의 한계가 있음에도 인정하지 않는다. 쩔쩔매고 결국 마지막 결심을 한다. 여자가 하는 대로 따라간다.

시댁의 일도 마찬가지다. 남편 가족이 우위를 점하고 있다고 안심하나 보다. 여자의 생각은 빛과 같이 빠르게 변하는데도 말이다. 남편도 공부해야 한다. 직장의 승진에만 목매지 말라. 가정에서도 승진하면 좋겠다. 여자가 시댁 일로 어려워할 때 이렇게 해보라고 했으면 좋겠다. 시댁에 대한 불만이 있으면 왜 그런 생각을 하느냐고 타박만 하지 말고 말이다. 이제는 시대가 변하여 여자의 지위가 높아진다고 우려하는 사람들이 있다. 천만의 말씀이다. 뼛속 깊이 박힌 가부장적 권위는 대대로 유전된다. 3대는 더 내려갈 듯하다.

어떤 때 불행하다고 생각하는가? 남자들은 아이들을 왜 못 키울까? 여자들은 남자가 아이들을 키워주기를 원하기도 한다. 남자들이 잘 키우면 대박이다. 그런 남편은 아내 일을 도와준다고 하지는 않는가? 아내가 경제력이 있고 남편이 육아를 전담할 경우, 아내가 집에 와서 편히 쉬게 하는가? 어디 그런 사람 있으면 나와 보시라. 대부분 그렇지 않다. 예전 아내가 하던 것처럼 해야 한다. 완전히 남편들이 키우는 것이 아니란 말이다. 우리 사회는 아직 넘어야 할 장벽이 많다. 여자들이 이때 행복을 느낄 수 있을까? 이때 남자들이나 여자들이 얼마나 행복을 느끼고 불행을 느낄지는 모른다. 남자들이 아이를 키워주면 여자들은 행복할까?

행복과 불행은 한 끗 차이다. 행복과 불행은 내가 어떻게 대처하느냐에 달려 있다. 불행하면서 불행한 것을 모르는 사람이 있다. 내가 보기에 행복해 보였던 지인 부부는 불행하면서 행복한 줄 알고 사는 부부였다. 우리는 행복한 삶을 위하여 얼마나 노력하는가. 우리는 어떤 때 행복과 불행을 느끼는가? 동시대를 살아가는 우리의 행복과 불행은 한 끗 차이다. 티격태격한다고 불행하지는 않다. 오히려 할 말을 하지 못하는 부부가 불행한 것이다.

행복과 불행은 마음먹기에 달려 있다. 같은 상황에서도 행복을 느끼는 사람이 있는가 하면, 불행하게 느끼는 사람도 있다. 배우자가 잘해준다고 행복하지도 않고, 배우자가 못해준다고 불행하지도 않다. 받아들이는 사람의 마음이다. 사람은 여러 가지 잣대를 가지고 살아야 한다고 한 심리학과 교수님의 말씀이 생각난다. 불행하다고 생각하면 더 불행해 보이는 잣대를 갖자. 행복한 사람을 보고 불행하게 느끼는 잣대는 내던져라. 오직 나의 잣대로 나의 행복을 측정해보자. 행복과 불행은 결국 한 끗 차이다. 잣대만 바꾸면 된다.

2

무엇을 얻으려고 결혼했을까?

결혼하는 사람들은 모두 행복을 소망한다. 나는 스스로에게 물어본다. '이러려고 결혼했나? 행복이란 환상이었구나. 다른 사람들은 잘사는데 나는 왜 불행할까?' 모든 문제를 배우자에게 씌우기 일쑤다. 그러다가 '나한테는 문제가 없나?' 이때는 좀 정신을 차릴 때다. 행복한 삶을 살고자 하는 소망은 사라진 것일까? 희망의 끈은 보이는데 그 끈을 어떻게 잡아야 할지 모른다. 어디로 가야 할지도 모른다.

그러다가 다시 정신을 가다듬는다. 아이들이 커간다. 아이들이 없다면 정말 결혼생활이 힘들 것이다. 나는 과연 무엇을 얻으려고 결혼을 했을까? 나는 행복한 가정을 얻고 싶다. 딸과 아들을 얻고 싶다.

체험 중에 최고 체험은 출산이다. 신은 우리에게 출산하는 기쁨을 선물하였다. 요즈음에 결혼을 꺼리는 사람들이 많다. 아쉬울 것이 없어서 그렇다? 부모들의 삶을 보고 영향을 받은 것이 아닌가 싶다. 자녀들 앞에서 부모들은 말이나 행동을 조심해야 한다. 싸움도 하지 않아야 한다. 경제적인 걱정도 하지 않아야 한다. 좋은 모습만을 보여야 한다. 그런데 어디 그게 가당한 일인가? 부모의 행복한 모습을 보면, 결혼을 꺼릴 이유가 없다고 생각한다. 아이들의 사고가 잘못되었다고 치부해버릴 일이 아니다. 결혼하기도 어렵지만, 결혼생활도 어렵다. 확실한 것은 나로부터 이어지는 생명줄의 희열은 느껴보지 않으면 모를 일이다. 한 생명의 꿈틀거림을 만나는 체험은 신비함 그 자체이다. 이런저런 일이 있지만 생명을 잉태하는 체험이 최고다. 이런 체험을 자녀들에게 유산으로 물려주면 좋겠다.

세상에서 가장 예쁜 딸이 나에게 왔다. 내가 얻고 싶었던 딸을 얻었다. 우리 부부는 결혼해서 1년 만에 딸을 낳았다. 거꾸로 있어서 어쩔 수 없이 제왕절개 수술을 했다. 배가 돌덩이를 얹어 놓은 듯 몹시 아팠다. 딸을 처음 보는 순간 너무도 놀랐다. 생긴 게 아빠를 국화빵처럼 콕 빼닮은 것이었다. '엄마'라는 낯선 단어에도 불구하고 딸에게 마취당하고 말았다. 신기하게도 진통제를 맞은 것처럼 통증이 멈췄다. 바로 이런 행복을 맛보고자 결혼을 했던 것이 아닌가 싶다.

한편 딸에게 미안한 마음이 있다. 연년생인 딸과 아들은 기저귀를 같이 찼다. 하루는 시장에 다녀오는 중이었다. 작은아이를 등에 업고 한 손은 큰아이를 잡고, 한 손은 시장 보따리를 들고 왔었다. 약간 경사진 길이었는데 큰아이가 다리가 아프다고 저도 업어달라고 했다. 동생을 업어서 못 업는다고 하니 운다. 시장 보따리라도 없으면 앞으로 안고 오기라도 했을 텐데. 엄마도 힘든데 왜 그러느냐며 엉덩이를 3번 때렸다. 그랬더니 막 앉아서 더 우는 것이다. 거기서 나는 딸을 잡고 같이 울었다. "너도 아기인데 엄마가 미안해, 미안해!" 하면서 말이다. 그때 그 한 대 때린 것을 얼마나 후회했는지 모른다. 더욱 가슴 아픈 것은 그 이후 딸은 업어달라고 떼를 쓰지 않은 것이다.

훌륭하게 될 아들이 나에게로 왔다. 나는 얻고 싶었던 아들을 낳았다. 자연분만을 하기로 한 전날 밤부터 진통이 왔다. 밤새 잠을 못 잘 정도로 진통이 계속되었다. 새벽 6시쯤에는 진통이 자주 왔다. 진통이 자주 있을 때 병원에 가서 낳기로 했다. 병원으로 급히 갔다. 병원에서 제왕절개를 한 자국을 보더니 수술을 해야 한다고 했다. 우리는 그냥 낳고 싶었다. 의사가 이 아주머니가 정신이 있냐며 호통을 쳤다. 큰아이를 출산한 병원에서 수술하지 않아도 된다고 했다. 연년생으로 낳으면 수술 부위가 터지지는 않을지 걱정을 했는데 괜찮다고 했다. 갑자기 이사를 가는 바람에 다른 병원에 갔다.

그랬더니 의사도 간호사도 난리가 났다. 한 번 수술하면 또 수술해야 한다는 것이었다. 수술한 경험이 없어도 수술을 권유하던 시대다. 수술실 안에서 의사와 산모인 내가 싸웠다. 수술실 밖에서는 간호사와 남편이 싸웠다. '그냥 낳게 해 달라. 안 된다.' 밖에 있던 남편은 간호사가 하도 겁을 주어서 수술 동의를 하려고 했단다. 순간 아들이 나왔다. 한 편의 드라마였다. 제왕절개로 낳았을 때 너무 힘들어서 자연분만을 하고자 한 것이다. 간호사가 갓 나온 아들을 보여주면서 하는 말이 가관이다. "돈 벌었네요." 병원에서는 돈을 벌 욕심으로 제왕절개를 권한 것이 들통났다. 하마터면 100만 원을 바칠 뻔했다. 자연분만비로 27만 원만 주고 왔다. 당시 15만 원 정도로 알고 있었는데 바가지 쓴 것 같다. 우리는 아들을 낳으면서 돈도 벌고 제왕절개의 고통도 덜었다. 자연분만은 수술로 낳은 고통의 10분의 1도 안 되었다. 그렇게 사지육신이 멀쩡한 아들을 얻었다.

나는 무엇을 얻으려고 결혼했을까? 나는 행복한 가정을 얻으려고 결혼했다. 나를 닮은 딸과 아들을 낳고도 싶었다. 1983년 결혼할 당시만 해도 직장을 다니는 엄마들이 그리 많지 않았다. 엄마가 키우는 아이가 행복하다는 사회적 분위기였다. 직장을 다니는 엄마는 그리 많지 않았다. 남편은 밖에서, 아내는 집에서 아이들을 키우며 살림을 하는 것이 정석이었다. 직장을 다니지 않는 엄마 밑에서 크는 아이들이 많았다. 직장을 다니거나 장사를 하는 엄마들은 3분의 1 정도 되었던 것 같다. 그러나 요즈음 아이들은 거의 다가 워킹맘한테 크고 있다. 갈수록 먹고살기가 어렵다는 것이다. 엄마가 집에만 있으면 아이들 교육비를 감당할 수 없단다. 아이들의 재롱으로 행복의 수레바퀴를 돌리고 싶었다.

행복한 가정을 얻고 싶었다. 자식 농사가 최고다! 나는 다니던 직장을 그만두었다. 기꺼이 전업주부가 되기로 했다. 자식 농사를 잘 지으려고 많이 애썼다. 딸은 배 속에 있을 때 발길질을 얼마나 해대는지, 배가 불뚝불뚝거리는 걸 보면 참으로 신기했다. 그런데 산달이 다 되었는데도 거꾸로 있던 아이는 바로 돌아서지 않았다. 운동을 해도 돌아오지 않았다. 그래서 하는 수 없이 제왕절개를 하였다. 세상에 적응이 어려운 딸은 소화도 못 시키고 설사를 많이 하였다. 젖을 40일밖에 못 먹였다. 소화가 안 되어 병원도 많이 다녔다. 병원 다닐 때만 반짝 소화가 되고 다시 안 된다. 민간요법으로 바늘로 손을 따주거나 짚을 삶아 먹이기도 하였다. 바늘로 침을 놓으면 신기하게도 트림을 하고 소화가 되었다. 나는 주사 맞는 것도 겁냈지만 엄마로서 못 할 일이 없었다.

딸은 얼마나 예민한지 기저귀에 오줌이 한 방울만 떨어져도 갈아달라고 울었다. 그때는 세탁기가 없어서 기저귀를 손으로 빨았다. 너무 힘들었다. 감기와 잔병치레를 5살 정도까지 하였다. 소화를 못 시켰던 아이였기에 성인이 된 지금도 묻는 말이 '소화는 잘되는가?'이다.

자칫하면 아들은 세상에 태어나지 못할 뻔했다. 딸을 키우면서 너무도
힘들어서 둘째는 낳을 자신이 없었다. 그런데 몰래 생긴 것이다. 내가 소
화가 안 되어 혹시나 하고 산부인과를 갔더니 임신은 아니라고 했다. 몸
이 계속 나른하고 힘들어서 병원에도 가보고 한의원에도 갔다. 주는 약
도 먹고 침도 맞았다. 아무래도 이상해서 다시 산부인과를 갔더니 임신
이라고 했다. 약 먹은 것 때문에 걱정을 많이 했다. 낳을 때까지 불안했
다. 간호사가 보여줄 때 사지가 멀쩡한 것을 보고 안심하였다. 황달기만
있어서 인큐베이터에 3일인가 있었다. 아들은 자연분만을 하여 돈도 안
들었다. 젖도 6개월까지 먹일 수 있었다. 연년생이고 누나와 함께 키우
다 보니 장난감을 같이 사주면 되고 책도 같이 보면 되었다. 잔병치레로
감기는 자주 걸렸으나 비교적 쉽게 컸다. 누나와 같이 다니며 잘도 놀았
다. 성격도 너글너글하였다. 우리는 늘 아들은 덤으로 얻었다고 한다.

무엇을 얻으려고 결혼을 했을까. 사람은 누구나 결혼해서 행복하게 살
고자 한다. 결혼하면 행복이 저절로 오는 줄 안다. '무엇을 얻으려고 결혼
을 했을까?'의 답을 찾을 때까지 물어보라고 하고 싶다. 나도 수없이 물
어보았다. 찾은 답은 행복한 가정이었다. 행복한 가정에서 행복 수레바
퀴를 함께 돌릴 자녀도 얻는 것이다. 딸과 아들이 함께 돌리면 잘 돌아간

다. 신은 나에게 든든한 지원자 남편을 선물하였다. 신은 나에게 딸과 아들을 선물하였다. 남편과 딸과 아들 셋이서 행복 수레바퀴를 함께 돌리려고 한다.

　나는 행복한 가정을 얻으려고 결혼했다. 나는 행복한 가정을 얻고 싶었다. 인생의 최고 체험인 출산으로 딸과 아들을 얻었다. 세상에서 가장 예쁜 딸을 얻었다. 훌륭하게 될 아들을 얻었다. 신은 나에게 출산하는 기쁨과 기르는 기쁨까지 주었다. 그 많은 부모들 가운데 딸과 아들은 우리를 선택했다. 나의 딸과 아들로 와서 잘 커주었다. 출산하는 과정의 어려움과 기르는 과정의 어려움을 체험하게 했다. 세상에 오직 하나, 생명줄로 이어진 가정을 얻었다. 사춘기도 그다지 요란스럽지 않게 잘 지나갔다. 결혼은 신이 내린 최고의 선물이라는 것을 새삼 깨닫는다. 나는 행복한 가정에서 행복하게 살고자 한다. 불행한 삶은 더 이상 얼씬도 못 하게 할 것이다. 가족과 함께 행복의 수레바퀴를 돌릴 것이다.

3

어떤 배우자를 만나야 했을까?

요즈음의 배우자 선택 기준. 옛날부터 결혼은 인륜지대사라고 하였다. 인륜지대사를 관장하는 대상도 변하였다. 부모들의 관장 시대는 지나갔다. 요즈음은 결혼할 당사자들이 관장한다. 결혼, 어떤 기준으로 선택하는지 궁금하다. 복지부 포럼에서 발표한 배우자 조건을 한번 살펴본다. 남자나 여자나 제일 중요시하는 것은 모두 같았다. 그것은 성격이었다. 대중매체에서 들려오는 이혼 사유는 성격 차이다. 반증이라도 하듯 결혼 조건의 1순위였다. 2위부터는 남자와 여자가 차이를 보인다. 여자는 남자의 경제력을 보고, 남자는 여자의 외모를 본단다. 3위로는 여자는 남자의 외모를 보고, 남자는 여자의 가치관을 본다고 한다. 4위로는 남자는 여자의 직업을 보고, 여자는 남자의 가정환경을 본다. 그다음으로 종교, 연령, 건강, 취미, 관심사, 출신 지역, 학력, 동거 여부, 사주 궁합, 거주지 등을 본다고 한다.

　나는 배우자의 어떤 점을 보았는가? 결혼 전에 시집가고 싶다는 여자들은 그리 많지 않다. 나도 그러했다. 그러나 만약에 결혼한다면? 마음속에는 항상 착한 사람을 두고 있었다. 폭력으로 아내를 때리는 지인들을 봤기에 그러한 것 같다. 친구가 남자를 소개해준다고 해서 갔다. 결혼 적령기를 넘어서는 나를 안쓰러워하던 친구가 또 오라고 했다. 난 결혼할 생각이 없었다. 그런데 2번이나 거절했는데도 또 연락이 왔다. 인연이 되려고 했는지 그날은 미안해서 갔다. 친구 집에 들어서자 마주 보이는 사람이 있었다. 내 마음의 잣대가 그에게서 멈췄다. 한 사람이 더 있었는데 그가 착하게 보였다. 요즈음 말로 하면 소개팅을 한 것이다. 무슨 이야기를 나누었는지는 생각이 나지 않는다. 다만 성이 이 씨라고 해서 서로 어디 이 씨냐고 확인한 것밖에 기억이 나지 않는다. 아, 하나 더 있었다. 해외 근무 중에 휴가를 나왔다는 것은 기억난다. 헤어지면서 밖에 나가서 서 있었다. 키가 좀 작아 보였다. 키가 큰 친구에게 그 옆에 가서 서보라고 했다. 내 잣대는 중립에 멈췄다. 그렇게 기약 없이 헤어졌다. 나는 당시에 결혼할 생각이 없었다. 그해 겨울에 돌아가신 생모 소식을 알았다. 상심이 컸던 때라서 더욱 그러했다. 친구는 아랑곳하지 않고 다리를 놔줬다. 한 번 만나고 두 번 만나면서 결혼 이야기까지 하였다. 출

국해야 한다며 약혼이라도 하자고 했다. 만나본 지 15일 만에 급히 약혼
했다. 1년 후에 귀국하여 결혼하였다.

  남편의 착한 심성은 해외근무지에서 먼저 인정받았다. 스웨덴 회사에
서 와달라는 제의를 받았다고 한다. 결혼 전에는 1군 업체에 있었다. 중
동에 공사를 많이 하던 때라 남편도 합류했다. 3년여 중동 공사현장에서
일할 때 관리 감독의 눈에 띄었다고 한다. 착한 심성으로 성실히 일하는
남편을 스웨덴 회사에서 오라고 한 것이다. 나보고 스웨덴 공사현장이
있는 사우디에 가서 살자고 했다. 나는 그때만 해도 해외가 낯설었다. 무
슬림들이 차도르를 쓰고 다니는 것에 대한 거부감도 있었다. 여자를 억
압하는 도구로 보았기 때문이다. 이제는 국내에서 생활하기를 바랐다.
나는 해외는 그만 나가고 국내에서 조금 벌어 먹고살자 하였다. 국내에
정착하려고 다른 회사를 알아보았다. 큰 회사들은 주로 해외 공사를 수
주하던 시대라서 남편을 받아주는 곳은 없었다. 이력서만 내면 해외 근
무를 요구했다. 하는 수 없이 해외 공사가 없는 중소기업으로 옮겼다. 중
소기업의 공사는 주로 지방 현장이 많았다.

  남편의 착한 심성은 국내에서도 발휘가 되었다. 기계처럼 일하는 사람
을 누가 싫어할까? 남편이 일하는 것을 보면 정말 기계 같았다. 새벽 6시
경에 출근을 하면 밤 12시까지 일했다. 한 달에 2일 쉬면 잘 쉬었다. 토목

공사 현장 일이 그렇게 힘들게 일하는 곳인 줄 몰랐다. 남편은 직장생활 초반 몇 년 빼고는 30여년을 그렇게 공사현장에서 소장으로 살아왔다. 남편의 착한 심성은 일에도 배었던 것 같다. 너무도 성실하게 하다 보니 사장이 가족처럼 대했다고 한다. 남편은 토목기술자로 길이 없는 곳에 길을 내거나 확장하는 일을 했다. 깔끔하게 포장하면 다른 현장으로 옮겼다. 토목기사로 출발한 직장생활을 충실히 해내는 사람이었다.

나의 배우자 조건의 2순위는 안정적인 직장인이었다. 나는 평소에 사업하는 사람보다 직장을 가진 사람이면 좋겠다고 생각했다. 매달 월급으로 생활하는 직장인이 안정적으로 보였기 때문이었다. 남편을 처음 보았던 날, 나의 직업 잣대가 여기저기 돌아다녔다. '안정된 직장인일까? 사업하는 사람일까? 장사하는 사람일까?' 잣대는 안정적인 직장인에 꽂혔다. 남자는 월급을 받는 토목기술자라고 하였다. 나는 돈을 많이 버는 것에는 그다지 관심이 없었다. 안정적인 직장인이면 좋겠다고 생각했기 때문에 그 잣대에 만족했다. 그때는 해외 근무 중인데 휴가차 잠시 귀국했단다. 남편의 안정된 직장인 생활은 10년 정도였다.

이후 기술력이 확보된 상태에서 자기 사업을 하겠다고 했다. 나는 사업하는 사람을 원하지 않았다. 그러나 상당한 신중형이라 불안하지 않아서 해보라고 했다. 남편은 큰 굴곡 없이 사업을 하였다. 당시에는 남편이 토목 일을 한다고 하면 '돈 많이 벌겠네.'라는 말이 다반사였다. 그 소리를 들으면 남편은 늘 말했다. "나는 기술자다. 돈을 버는 사람이 아니다. 제대로 공사를 하는 사람이다." 나는 남편에게 은근히 돈을 많이 벌길 바랐나 보다. 왠지 허전했다. 한편 자랑스럽기도 했다.

남편의 촘촘함이 재산이었다. 남편은 결혼 전에 50%만 맞으면 결혼하자고 했다. 딱히 맞추어보진 않았지만 50%는 맞겠지 하면서 결혼을 하였다. 살다 보니 문제가 툭툭 터져 나왔다. 착하게만 보았던 남편은 사무적이었다. 빈틈이 없었다. 바늘로 찔러도 피 한 방울 나오지 않을 것 같은 사람이었다. 뭐 이런 사람이 있나 하고 한 번씩 시험해보기도 하였다. 남편은 좀처럼 실수를 하지 않는다. 자기의 실수가 없으니 상대의 실수도 그냥 넘기려 하지 않는다. 잘못된 것을 지적하고 지시하는 일의 명수다. 이런 사람은 가정에서는 힘든 사람이지만 직장에서는 정말 필요한 사람이라고 생각한다.

남편의 직업 덕분에 전국 일주를 하며 살았다. 왜관이라는 곳에 정착하기까지 우리는 1년에 한 번씩 이사를 하였다. 아이들이 어릴 때는 현장 곳곳에 따라 다녔다. 아이들이 유치원에 가고, 학교에 다녀야 할 시점에서 정착하였다. 이사를 자주 하면 안 좋은 점은 아이들에게 친구가 없다는 것이다. 좋은 점은 지방마다 다른 문화를 접할 수 있다는 것이다.

결혼하여 첫 번째로 살았던 곳은 성남이었다. 서울 방이동에 공사현장이 있어서 가까이에 집을 마련했다. 남편이 중동에 다녀와 번 돈에 맞추느라 성남에 작은 주택을 구입하였다. 남편은 집에서 1년 동안 출퇴근하였다. 거기서 첫아이를 출산하였다. 1년 후에 인천 공사현장이 생겨서 아파트를 분양받아 이사하였다. 그곳에서 둘째 아이를 낳았다. 그 아파트는 추억이 깃든 곳이다. 당시만 해도 아파트 사람들은 시골집 같은 인심이 있었다. 위아래 집에서 음식을 하면 나누었다. 3년 정도 공사를 했다. 공사를 마치고 강원도 공사현장 가까이로 이사 갔다. 지방 생활을 처음 시작한 곳은 새말이었다. 안흥 공사현장과 가까운 곳에 시골집을 얻어 세 들어 살았다. 그곳에서 9개월 동안 살면서 다니던 작은 교회에서 종교적인 사랑이란 걸 느껴 보았다. 새말에서 1시간 이상 거리의 서석이라는 공사현장으로 이사를 갔다. 그곳에서 강원도의 순수한 인심과 산나물, 메밀전의 추억을 담았다.

　1년 정도 공사를 마치고 왜관으로 이사를 했다. 아이들이 학교에 다닐 시점이라 한곳에 정착했다. 그때부터 주말부부를 본격적으로 시작하였다. 경상도의 무뚝뚝함이 정으로 변화되는 경험, 다양한 종교체험, 문학, 대학교 공부 등을 하면서 17년을 살았다. 상주에 2년 반, 고향 같은 정취가 풍기는 곳, 그곳을 떠나 문경에서 전원생활을 하러 갔다가 농업인이 되었고, 펜션주로 14년째 살아가고 있는 중이다.

나는 어떤 배우자를 만나야 했을까? 내가 늘 생각했던 배우자상은 착한 사람이었다. 그리고 직장에 다니는 사람이면 좋겠다고 생각했다. 이유는 내가 싸움을 못 하기 때문이다. 그리고 싸우는 집이 싫기 때문이었다. 하여튼 처음 본 남편은 그저 착해 보였다. 남들은 남편을 상당히 날카롭게 본다. 살다 보니 남들 눈이 정확했다. 나는 그때 콩깍지가 씌운 것이 확실하다. 콩깍지가 두껍지 않아서 다행이다.

남편이 착하기만 하지 않은 것이 다행이다. 직장인을 원했는데 중간에 사업을 하였다. 우려와는 달리 안정적인 사업 운영으로 큰 굴곡 없이 가정이 운영되었다. 착한 콩깍지가 씌어 만났던 남편은 직장생활도 충실히 했다. 사업가로 잘 해냈다. 착하기만 한 사람은 사업하기 힘들다. 날카롭고 촘촘함으로 잘했다. 덕분에 아이들과 나는 전국을 다녀보게 되었다. 지방마다 특색 있는 문화도 접하고 맛있는 것도 먹어봤다.

4

불편해지기 싫으면 결혼하지 마라

사랑하는 부부 사이에는 불편함이 없을까? 아무리 사랑하는 사이라도 불편함은 따라붙는다. 결혼하면 모든 것이 편할 줄 알았는데 예상 밖이네? 서로 다른 배경에서 자란 남녀가 함께 사는데 왜 불편함이 없겠는가. 우리 부부에게 첫 번째로 불편한 점은 주말부부로 사는 것이었다. 그다음이 수면시간이 다르다는 것이다. 결혼해서 얼마간은 나와 다른 습관이 있어도 문제가 되지 않는다. 그런데 점차 불편이란 파노라마가 펼쳐진다. 우리는 바로 눈앞에 펼쳐지는 현실에만 집중한다. 이런저런 불편함이 우후죽순처럼 솟아오르기 시작한다. 사소한 불편함이라도 해결되지 않으면 쌓인다. 하나하나 쌓였다가 작은 싸움이 된다. 작은 싸움으로 해결되면 좋겠다는 생각을 해본다. 세상사 어디 마음대로 되는가. 작은 싸움이 해결이 안 되면 큰 싸움으로 번져나간다. 큰 싸움으로 번져나가는 이유는 누군가에게 억압받을 때이다. 말로 풀어야 한다. 말로 풀지 못하면 결국 싸움의 재료가 된다.

불편함 때문에 결혼을 피해야 할까? 우리나라는 급속도로 개인화가 되면서 불편함을 참지 못한다. 개인화로 인하여 개개인의 인격을 존중받아 좋기는 하다. 결혼은 공동체 생활이 기본이다. 공동체 생활에서 함께 지켜야 할 것들은 분명히 존재한다. 따라서 불편함이 따라온다. 집에서 출퇴근하는 부부들의 삶에 불편함이 있듯이 주말부부도 마찬가지이다.

수면시간이 달라서 따라오는 불편함도 있다. 옛날에는 좁은 방에서 함께 지내도 불편하다고 생각을 하지 않았다. 그렇게 사는가 보다 했다. 그래도 잠자는 시간만큼은 같았다. 기름도 맘대로 사용하지 못하던 시대, 호롱불도 오래 켜놓지 못했다. 깜깜한 밤이면 자는 줄로 알았던 시대였다.

요즈음은 전기 만능시대, 밤새 켜놓을 수 있다. 각종 통신기기를 밤새 사용해도 된다. 그러다 보니 수면시간도 각각 다르다. 우리 시대만 해도 TV 보는 것이 전부였다. TV를 좋아하는 사람은 애국가가 나올 때까지 본다. 요즈음은 TV도 밤새 보려면 볼 수 있다. 게임을 밤새 해도 된다.

자녀들을 재워야 한다고 사회단체에서는 10시 이후에는 게임을 못 하도록 셧다운제를 시행한다. 인권단체에 항의를 받는다. 한마디로 혼란의 시대다. 사회가 혼란하듯 가정도 혼란하다.

부부가 잠자는 시간이 맞지 않을 때, 각자 하는 일에 방해가 안 되는 선에서 해결을 봐야 한다. 그래도 안 되면 결국 시비가 붙는다. 그렇게 이혼하는 사례가 늘어난다.

주말부부로 살면서 느낀 불편함들. 우리는 20년 동안 주말부부 생활을 했다. 매일 출퇴근하는 때도 있었지만, 3분의 2는 주말부부로 살았다. 오랜만에 남편을 만나면 좋았을까? 나는 바빴다. 남편이 오기 전에 편히 쉬게 해주려고 마음 준비를 한다. 밖에서 늘 먹는 것이 안타까워 집밥을 해주려고 미리 장에 다녀온다. 아이들에게 아빠 오시면 주물러드리라고 말해놓는다. 도착하면 즉시 밥을 먹을 수 있도록 한다. 아이들과 아빠가 사랑을 나눌 수 있게 한다. 그동안 나는 한 주간 모아온 빨래를 한다. 다음 날 빨래가 마르면 다릴 것은 다리고 가방을 챙겨둔다. 우리 가족은 함께 목욕을 간다. 때론 찜질방도 간다. 찜질방은 아이들과 남편은 별로 좋아하지 않는다. 나를 위해 간다. 몸도 마음도 집중해야 했다. 그때만 해도 나는 몸이 약해서 그것도 힘들었다. 남편을 보내놓고 나면 지친다. 다시 아이들과 셋이 살아간다. 아빠 역할까지 한다.

우리 가족은 가끔 외식도 한다. 당시 외식문화가 시작되던 때, 아이들과 나는 외식을 하고 싶어 했다. 집에만 있는 우리는 밖의 음식이 먹고 싶었다. 가끔씩 몸이 지치고 힘들 때나 아이들이 원하면 외식을 했다. 단골집이 있었다. 해물을 듬뿍 넣어주는 해물탕집이었다. 이상하게도 그 해물탕을 먹으면 힘이 났다. 아이들이 고기를 먹고 싶어 할 때는 갈빗집이나 불고깃집을 갔었다. 특별한 경우, 복매운탕 집에서 외식도 하였다. 매일 밖에서 밥을 먹는 남편과 외식을 하고 싶은 아이들과 나는 적절히 조정했다. 함께 살아가는 데 작은 불편함은 늘 따라다닌다. 우리는 적절히 잘 조절했던 것 같다.

우리 부부가 수면시간이 달라서 불편했던 점. 나는 사람은 잠을 충분히 자야 한다고 생각한다. 남편은 밤에 늦게 자고 늦게 일어난다. 나는 일찍 자고 일찍 일어난다. 한마디로 나는 새벽형 인간이고, 남편은 저녁형 인간이다. 그러다 보니 서로가 잠을 설치는 경우가 있다. 남편은 요즈음도 12시 정도부터 아침 7~8시까지 잔다. 물론 직장 다닐 때 일찍 출근해야 할 때나 특별한 경우에는 시간 조절을 한다.

나는 남편이 잠자고 있을 때 2~3시에 일어난다. 일어날 때 아무리 조심을 해도 남편이 깬다. 남편이 늦게 자면 TV를 보고 불을 켜놓고 자기 때문에 나는 잠을 충분히 자기 어렵다. 나는 점점 더 새벽형이 되어갔다.

교회를 다니면서 새벽기도 가느라 4시경에 일어났다. 인체 시계(기혈유주)의 이론을 접하고부터는 더 일찍 일어나기 시작했다.

건강하게 살면 불편함이 덜할까? 아이들을 키우면서 너무 힘이 들었다. 어떻게 하면 힘이 덜 들까? 나는 기혈유주라는 걸 접하게 되었다. 이 이론은 오장육부가 12개의 시별로 각기 왕성한 활동을 한다고 한다. 이 이론이 꼭 맞는다고는 볼 수 없지만 따라 해보고 싶었다.

3시부터 5시까지는 폐의 기운이 왕성하다고 한다. 첫아이를 갖고 7개월 만에 결핵성 늑막염으로 고생한 나는 이 이론을 볼 때 눈이 번쩍 뜨였다. 폐를 강하게 하려고 일찍 일어나는 습관을 들이기 시작했다. 폐의 움직임을 시작으로 담과 소장, 위장 등의 장기 부분들이 활동을 시작한다고 한다. 이로 인하여 정신이 맑아지고 식욕이 당기기 시작한다고 한다. 5시부터 7시까지는 대장이 움직이는 시간이라고 한다. 이 시간에는 소화기관인 대장이 활동하는 시간으로 배설을 하는 시간이라 한다. 변비가 심했던 나에게 놀라운 정보였다. 7시부터 9시까지는 위장의 기운이 왕성한 시간이라고 한다. 아침을 먹어야 건강하다고 한다. 아침을 철저하게 먹어야 한다는 생각을 가지고 있었을 때 귀가 번쩍 뜨였다. 지금은 아니다. 9시부터 11시까지는 비장의 기운이 왕성한 시기라고 한다. 이때 위장의 액 중에 피가 될 것은 심장으로 보내고, 정액이 될 것은 신장으로 보낸다고 한다. 기운이 될 것은 폐로 보낸다고 한다. 11시부터 13시까지 는 심장의 기운이 왕성한 시간으로 심장은 비장으로부터 받은 피의 원료 를 뜨겁게 쪄서 붉은 피를 만들어 온몸으로 보낸다고 한다. 놀라웠다. 13 시부터 15시까지는 소장의 기운이 왕성한 시간으로 위장에서 섭취한 음 식물이 비장에서 피의 원료와 영양분을 빼낸 다음 소장으로 내려오면 소 장은 마지막으로 우리 몸에 필요한 영양분을 흡수하여 각 기관에 공급한 다고 한다. 이 시간에는 우리 몸에 피로가 찾아온다고 한다. 15시부터 17 시까지는 방광의 기운이 왕성한 시간으로 방광은 우리 몸의 폐수처리장 이라 할 수 있다. 이때 위장과 폐도 방광을 도와서 내부의 모든 잔재물을 깨끗이 처리한다고 한다. 이 시간에 너무 많은 활동은 노폐물이 축적되 어 건강을 해치기 쉽다고 한다. (이하 생략)

이 인체 시계의 이론을 접하고 한 번 따라서 살아보면 좋겠다고 생각 했다. 기혈유주의 이론을 접하고 따라 해봤다. 이때는 주말부부로 살았 을 때였는데 어차피 새벽기도를 다니느라고 일찍 일어나니 1시간만 더 일찍 일어나기로 했다. 새벽 3시에 일어나기로 했다. 나는 그렇게 새벽 형이 되었다.

부부 간에도 불편함은 있다. 사랑하는 부부 사이에는 불편함이 있다. 우리 부부는 주말부부로 살면서 불편함을 느꼈다. 수면시간이 달라서 불편했다. 불편함을 덜어낼 방법들을 찾아보았다. 기혈유주라는 인체 시계대로 살아보았다. 건강하면 불편해도 이겨낼 수 있다. 서로 조절하면 불편함이 해결된다. 그 작은 불편함 때문에 행복한 결혼생활을 피하는 일은 없었으면 한다.

아무리 사랑하는 사이라도 불편함은 있다. 불편하다고 결혼을 하지 말아야 할까? 우리나라는 급속도로 개인화가 되면서 불편함을 참지 못한다. 우리 부부는 주말부부로 사느라 불편하고, 수면시간이 달라서 불편하기도 했다. 주말부부로 살면서 서로의 욕구를 적절히 조절하여 불편함을 해결하였고, 수면시간이 달라서 불편했던 점도 해결하였다. '불편함을 어떻게 하면 해결할 수 있을까?' 질문을 하다가 해결 방안을 찾았다. 고정 관념을 깨고 한번 해보는 것이다. 방이 여러 개 있는데 한 방을 쓰면서 불편하게 살 필요가 있나? 그에 대한 해답은 '각방을 써보자'였다. 각방을 써보니 너무도 편하였다. 지금은 서로 편하고 좋다고 한다.

5

우리 부부는 공공의 적인가?

요즈음 부부 싸움은 칼로 물 베기가 아니다. 예전의 부부 싸움은 칼로 물 베기를 하였다. 그때의 부부 싸움은 하룻밤 지나면 끝났다. 언제 싸웠느냐며 일상으로 돌아갔다. 심하게 싸우면 별거 정도였다. 그런데 요즈음은 강도가 세진 것 같다. 죽기 살기로 싸운다. 이혼도 불사한다. 황혼 이혼으로 이어지기도 한다. 이혼을 하지 않는 부부는 졸혼을 선언하기도 한다. 이혼은 하지 않지만 불행하게 사는 부부는 또 얼마나 많을까? 점점 싸움이 늘어난다. 도대체 어떤 문제로 싸우는데 그럴까? 요즈음 부부 싸움의 1위는 경제권 문제라고 한다. 2위는 가사일 배분 문제이고, 3위는 술 문제라고 한다. 4위는 시댁이나 처가 문제이며, 5위는 육아 문제로 싸운단다. 7위는 담배 문제, 8위는 귀가 시간 문제, 9순위는 이성 문제, 10

위는 도박 문제라고 한다.

경제권은 누가 갖는 것이 좋을까? 우리 시대만 해도 남편이 경제활동을 하고, 아내가 가정 살림을 했다. 남편은 돈을 벌어오고, 아내는 쓰는 일만 전담했다. 특별한 때 외에는 아내가 경제권을 가지고 살림을 도맡았다. 요즈음은 주로 맞벌이를 하다 보니 경제권을 누가 맡을 것인가의 문제가 큰 것 같다. 문제 해결은 간단하다. 가정도 경영이다. 경제 관리는 부부 중에 알뜰하게 살림을 잘 하거나 가계부를 잘 쓰는 사람이 맡으면 좋겠다고 생각한다. 더불어 빚을 잘 얻을 수 있는 사람이 맡으면 좋겠다. 낭비벽이 있는 사람이 맡으면 안 된다. 신혼 초에 둘이서 얼굴을 맞대고 궁리하면 좋겠다. 서로의 장단점을 면밀히 살펴보고, 적절한 사람에게 맡겨보면 어떨까? 아니면 각각 1년씩 맡아서 해보는 것도 좋겠다는 생각이 든다. 서로 가정경제를 잘 꾸려가려면 의논을 해야 한다. 이때 조심해야 할 것이 있다. 누가 맡든지 믿고 맡겨야 한다. 부부는 신뢰 관계가 우선이다. 설사 잘못된 것이 보여도 말하지 마라. 심하게 잘못된 것이 아니라면 말이다. 의심하고 추적하는 것은 절대 금물이다. 부부는 공공의 적이 아니다.

우리 부부는 아내인 내가 경제권을 맡았다. 남편이 월급을 타오는 것을 통째로 맡았다. 나는 남편에게 용돈을 떼어주었다. 그때만 해도 가정에 경영이란 말이 없었다. 당연히 살림하는 아내가 맡는 것이었다. 경제 관리를 하는 사람의 어려움도 있다. 넉넉한 살림이 아니면, 자기 자신을 위해서 쓰지 못한다는 것이다. 가계부도 써가면서 그 안에서 알뜰하게 살아야 했다. 때로는 빚을 얻어야 했다. 나는 가계부도 못 쓰고 빚도 얻지 못하였다. 누구한테 돈을 빌려달라는 말을 하지 못하여 애를 먹었다. 알뜰하게 사는 것은 잘했다. 분수를 지키며 살아왔다. 있으면 쓰고 없으면 안 쓰는 생활을 했다. 저축을 80% 정도씩 하며 살았다. 남편은 나를 믿어줬다. 그래도 남편이 대단하다고 생각했다. 어떻게 나에게 돈을 다 맡길 수 있나?

경제권을 남편이 맡아 살림하는 부부도 보았다. 아파트 살 때 아래층에 사는 부부가 있었다. 여자가 남편에게 돈을 타서 살림한단다. 나는 그런 집을 처음 보는지라 좀 놀랐다. 여자가 하는 말이 편하다고 하였다. 그러면서 좀 치사하다고 한다. 돈을 타서 쓰다 보니 더 타내기도 하고 개인적으로 모아놓을 수도 있다고 했다.

남자는 귀찮다고 하였다. 여자가 돈을 달라고 하니 짜증을 냈다. 벌써 다 썼느냐고 한다. 남 보는 앞에서 싸우기도 했다. 신경전이 심하다는 걸 느꼈다. 나중에 알고 보니 여자가 씀씀이가 커서 그렇게 한단다. 또 하나 여자에게 맡기지 않는 이유가 있었다. 은행에 다니는 사람이 대부분 여자에게 못 맡긴다고 하더니 이 집이 그러했다. 남편이 은행에 다닌다고 하였다. 경제권을 맡는 데 직업적인 영향이 있다는 것을 처음 알았다.

가사는 어떻게 배분하면 좋을까? 이 문제도 시대적으로 다르게 적용이 되어야 한다. 우리 시대만 해도 남자는 밖에서 돈 버는 일에만 전념을 하였다. 여자는 대개 집안 살림을 하였다. 집안 대소사는 물론 교육 등을 맡아서 했다. 돈 버는 일 빼고는 모두 아내가 했다. 요즈음 맞벌이 부부는 돈을 벌어야 한다. 가사도 분담해야 한다. 아내의 몫은 아직은 많다고 하겠다. 여자가 더 부담을 가지고 생활하는 것이 현실이다. 결혼 초에 잘 잡아나가야 한다. 맞벌이를 한다면 가사도 똑같이 해야 한다. 다만 각자 잘하는 것으로 역할 분담을 하면 된다. 여자니까 밥을 해야 한다? 이제는 이런 사고를 버려야 한다. 남자가 요리를 잘하는 경우도 많다. 청소를 잘하는 사람이 청소를 하면 될 것이다. 빨래는 세탁기가 다 알아서 해주니 널기만 하면 된다. 내가 하는 일이 먼저 끝났다고 쉬지 않아야 한다. 함께 하고 함께 쉬는 것이 좋겠다는 생각이다.

우리 부부의 가사는 전적으로 내 몫이다. 남편은 돈 버는 일을 전담하고, 나는 가사 일을 전담하였다. 남편은 수건 한 번 빠는 일이 없었다. 남편에게는 그리운 시절일 것 같다. 나의 가사는 그야말로 멀티다. 가사 도우미가 되어 밥을 한다. 청소하고 빨래도 한다. 아이들이 학교 갔다 오면 간식을 챙겨준다. 개인과외 교사가 되어 숙제를 봐준다. 뒤떨어진 공부가 있으며 도와준다. 독서 지도사가 되어 책을 잘 읽게 한다. 책 읽는 습관을 들이기 위하여 도서관도 데리고 간다. 때론 놀이 지도사도 된다. 놀이터에서 재미있게 놀게도 한다. 같이 놀아도 준다. 때로는 놀이 강사도 된다. 노래도 하고 춤도 추게 한다.

집안 대소사를 관장한다. 시댁의 시부모님 제사에 참여를 위한 준비를 한다. 명절 참여를 위한 준비를 한다. 시형제분들 생일을 챙긴다. 시댁 조카들, 백일 및 돌, 입학, 졸업 등을 챙긴다. 시댁 사촌들과 사촌 조카 경조사에 참여한다. 가끔 방문도 하고 전화를 한다. 명절에 친정 부모님을 찾아뵌다. 부모님 생신을 챙긴다. 동생들과 만난다. 친정 고모님들을 찾아뵌다.

아이들과 노는 일도 내 몫이다. 아이들이 학교 다니기 전에 나는 6시경부터 하루가 시작된다. 아침을 꼭 먹던 시절이라 아침밥을 한다. 먹이고 아이들이 집안에서 놀게 한다. 빨래를 한다. 점심을 해서 먹는다. 놀이터에서 놀게 한다.

이때 아이들이 잠깐 쉰다. 노는 아이 엄마들이 있으면 이야기를 한다. 내 아이는 어떻고, 그 집 아이는 어떻고 하면서 말이다. 해질 녘쯤에 집으로 데리고 온다. 씻는 동안 간식을 만든다. 간식을 먹고 놀게 한다. 노는 사이 밥을 한다. 밥을 먹이고 놀다가 잠을 재운다.

아이들이 학교 다닐 때 나는 새벽 5시경부터 하루가 시작되었다. 건강에 도움이 되도록 아침밥을 한다. 아이들에게 먹이고 학교를 보낸다. 집안을 구석구석 청소를 한다. 빨래를 한다. 시장 가서 음식 재료를 사 온다. 아이들 간식을 만든다. 아이들이 오면 간식을 먹인다. 숙제를 할 수 있게 도와준다. 아이들을 놀이터에서 놀게 한다. 저녁을 한다. 저녁을 먹고 조금 놀다가 재운다. 설거지를 한다. 흐트러진 장난감을 정리한다.

이외에 일요일에는 교회도 가게 한다. 친구들과 잘 사귈 수 있도록 친구 집에도 놀러가게 한다. 한 번씩 야외로 데리고 다닌다. 시장도 데리고 다닌다. 병원도 자주 다녔다.

남편은 경제활동에 전념한다. 새벽부터 공사현장에서 일을 한다. 가족들의 경제를 책임지려고 최선을 다한다. 가족과 멀리 떨어져 외로움도 달랜다. 위험한 일을 만날 때도 있다. 남편에게 감사하라. 행복한 가정을 꾸미기 위해 때로는 굽실거리기도 한다. 집어치우고 싶어도 자식과 아내가 눈에 아른거려 실행할 수 없다. 비가 오나 눈이 오나 현장에서 일을 해야 한다.

공공의 적이 되지 마라. 요즈음 부부 싸움은 칼로 물 베기가 아니다. 죽기 살기로 싸운다. 세상을 얼마나 산다고 싸움을 하는가. 경제권은 누가 갖는 것이 좋을까? 우리 시대에는 아내가 경제권을 도맡았다. 하지만 요즈음 부부들은 맞벌이들을 하니 머리를 맞대고 찾아야 한다. 가사는 어떻게 배분하면 좋을까? 서로의 장점을 찾아 각각 역할 분담을 하면 좋을 것이다. 교대로 맡아보아도 좋다. 이 방법 저 방법 사용해보다 보면 부부만의 운영 방안을 찾게 될 것이다.

우리 부부는 공공의 적이 아니다. 싸움을 제대로 하면 부부관계가 좋아질 수 있다. 어디까지나 성숙한 부부들의 싸움일 때만 그러하다. 성숙한 부부는 남 앞에서 싸우지 않는다. 싸우더라도 막말이나 욕은 하지 말자. 이혼을 하려면 조용히 법원으로 가라. 부부 문제는 부부끼리 해결하는 것이 좋다. 최근에 남편에게 제안했다. 헤어지려면 조용히 법원으로 가자. 살려거든 막말이나 극단적인 말을 하지 말자고. 화가 나면 화나는 사람이 자리를 피하자고 했다. 화는 결국 자기 자신의 문제이니 돌아보라는 것이다. 결혼이란 신이 내린 선물이다.

6

불행 청산, 이혼만이 능사일까?

결혼은 어떤 사람을 만나야 할까? 인간으로 만나서 서로 존중하며 살아야 한다. 인간 대접을 받으면 불행도 청산되고, 이혼을 생각하지 않을 수 있다. 나는 결혼 직후에 남편에게 인간 대 인간으로 살자고 제안했다. 그러나 일언지하에 거절당했다. 결혼 전에 남편은 타협적인 사람으로 보였기에 제안한 것이었다. 남편과는 어떤 문제라도 타협을 할 수 있다고 생각했기 때문이다. 남편은 화들짝 놀랐다. 남편과 아내로 살아야지 무슨 소리냐는 반응이다. 남편에게 가부장적인 사고가 가득하다는 것을 몰랐다. 남편은 하늘이고, 아내는 땅이라는 사고의 덩어리였다. 남편에게 인간 대 인간으로 살자는 말은 어불성설이었다. '아차, 잘못되었구나. 인간 대 인간으로 살자는 제안을 결혼 전에 해야 했는데.' 그때부터 결혼생활에 대한 불행이 예고되었다.

인간 대 인간으로 살지 못한다면 불행을 청산해야 하는가? 우리 사회는 아직도 조선 시대 같다. 여성의 지위가 많이 향상되었다 해도 남자가 우위에 있다. 아직도 암탉이 울면 집안이 안 된다고 한다. 여자는 남편에게 말대꾸하면 안 된다. 여자는 자기의 할 말을 당당하게 하지 못하게 하는 사회다. 남편은 결혼 전에 생각했던 것보다 훨씬 가부장적이다. 아내는 남편의 말에 순종해야 한다는 사고방식의 소유자였다. 상담소의 이혼 상담 비율과 같이 가고 있었다.

한국가정법률상담소의 '2019년도 상담 통계'에 따르면 작년 한 해 동안 상담소에서 진행한 이혼 상담은 모두 4,783건이었다. 그중 여성 내담자가 3,435명(71.8%), 남성이 1,348명(28.2%)이었다.

나는 인간 대 인간의 삶을 살기 원했다. 내가 인간 대 인간으로 살자고 하는 이유는 큰 것이 아니었다. 신혼 초에는 '약한 자를 보호하되 무시하지 말라.'였고, 남편이 퇴직하여 집에 있을 때는 '밖에서 함께 일하면 집안일도 함께 해야 한다.'는 것뿐이다. 그런데 남편의 의식 속에는 아직도 가부장적인 권위가 가득하다. 약한 여자를 보호한다는 명목으로 무시한다. 밖에서 함께 일하고 집에 들어오면 집안일은 모두 여자의 몫으로 여긴다. 이러한 것들의 요구가 받아들여지지 않으니 답답하다. 만족하는 삶이 되지 않으니 불행함을 느끼는 것이다. 인간 대 인간으로 살지 못하는 삶, 그렇다고 불행을 청산해야 하는가?

나도 불행을 청산하고 싶었던 때가 있었다. 1996년 서유럽을 여행하는 중에 문화적인 충격을 받았다. 서양의 가정 문화가 우리 가정 문화와 너무도 달랐다. 우리나라 여성들은 지위 향상을 위하여 투쟁한다. 나도 남편의 가부장적인 사고를 바꾸려고 온갖 궁리를 다했다. 가이드로부터 서양문화에 대하여 듣고 놀라움을 금치 못했다. 여자가 1순위로 대접을 받는다는 것이었다. 그다음이 자녀이고, 애완견이며, 맨 마지막이 남자란다.

한국에서는 인간 대접은 남자가 부동의 1위이다. 여자는 남자 발등도 안 되는데 말이다. 여성의 지위가 향상은 되었다고? 여전히 너무도 먼 이야기이다. 그 당시에는 내담자 비율을 보면 여성이 90%, 남성이 10% 정도였다. 상담 비율이 남성 여성 지위의 지표가 된다.

세상에 그런 천국이 있을 줄은 꿈에도 몰랐다. 한국이라는 우물 안에 갇혀 있었던 여자들은 모두 놀랐다. 남자들도 모두 놀랐다. 함께 갔던 여자들은 100% 서양에 이민 가고 싶다고 했다. 그러나 남자들은 100% 싫다고 했다. 너무도 대비되었다. 내가 남자라도 그러했겠지만 말이다. 여자들은 그렇게 한국에서 지위 향상을 위하여 고군분투했다. 한국 여성들에게는 그곳이 천국이었다. 외국으로 당장에라도 이민 가고 싶었다.

인간 대접을 못 받는다면 다 불행을 청산해야 할까? 지인의 부모님들 이혼은 결국 인간 대접을 받지 못하여 일어난 일이다. 인간의 기본권에 대한 무시, 어느 시대에나 견디기 어려운 같다. 기본적으로 밥은 먹어야 하지 않는가? 나의 생모는 나를 임신했음에도 밥을 굶어야 하는 차별을 받았다고 한다. 그 시대는 밥을 한 상에서 먹기를 바라지 않았다. 오직 밥을 먹는 것이었다. 홀어머니였던 나의 친할머니와 외할머니의 싸움이었던 것이다. 친할머니는 질투로 며느리에게 밥을 주지 않았다고 한다. 기막힌 그 시대의 슬픈 이야기다. 나의 생모는 그 비인간적인 대접을 견디지 못하고 친정으로 갔다. 당시만 해도 출가외인을 받아들이지 않던 시대였다. 그럼에도 나의 외할머니는 인간 대접 받지 못할 바에야 가지 말라고 했단다. 9개월 된 아이를 빼앗기고도 보내지 않았다. 놀라운 일이다. 나는 외할머니를 만난 적이 없다. 내가 할머니와 같이 주장하고 있다. 그 피해는 내가 고스란히 받았지만 말이다. 인간 대접을 못 받았던 불행 청산으로, 그 자식은 모진 고통을 받아야 했다.

인간 대 인간으로 살지 못하는 삶, 이혼만이 능사일까? 부모의 이혼은 자녀들을 수렁으로 넣는 일이다. 부모가 이혼하면 자녀가 얼마나 고통속에 사는지 아는가? 불행한 삶을 이혼으로 해결할 수 있을까? 요즈음은 이혼이 뭐 대수냐고 한다. 이혼한 가정에서 자란 사람이라면 절대로 그런 소리 못한다. 자신이 겪어보지도 않고 함부로 말해서는 안 된다. 이혼한 가정에서 자란 아이들은 자존감도 낮고, 사회를 보는 시선도 부정적이다. 건강한 마음과 몸을 가질 수도 없다. 친구를 사귀기도 어렵다. 공부하기도 어렵다. 직장생활을 하기도 어렵다. 결혼하기도 어렵다. 가정생활을 유지하기는 더욱 어렵다. 사회에서 바라보는 시선도 따갑다. 그자녀들이 결혼하는 데도 걸림돌이 된다. 이혼 가정의 자녀들은 무슨 결함이 있을 것으로 인식을 한다. 어디인지 모를 그 고리를 끊어야 한다. 그것은 결혼을 해서 행복하게 살면 끊어진다. 인간 대 인간으로 살지 못한다고 이혼만이 능사는 아닐 것이다.

이혼은 어떠한 이유로도 정당화할 수 없다. 이혼하는 사람들에게는 다이유가 있다? 이혼은 자신의 한계를 극복하지 못하여 일어나는 일이다. 가장 큰 이혼 사유의 1위는 성격 차이라고 한다. 2위는 배우자가 바람을 피워서란다. 3위는 배우자의 폭력 때문이란다. 4위는 정신적 폭력이란다. 5위는 아이들에 대한 애정을 느끼지 않기 때문이란다. 6위는 상대의 친정이나 친척과의 불화라고 한다. 7위는 가정을 돌보지 않는 것이라고 한다. 8위는 생활비를 주지 않아서라고 한다. 9위는 낭비벽이라고 한다.

10위는 부모와의 동거에 따라주지 않는 것 때문이란다.

　우리 부부는 다행히도 위의 10가지의 이혼 사유에 경미한 정도의 상황에 있었다. 1위에 해당하는 남편과의 성격 차이는 있었지만 조정이 가능했다. 2위에 해당 사항은 없다. 바람을 피우지도 않았다. 여관에서 일할 때 의심은 했지만 나중에 일 때문에 불가피한 일이라는 것을 알게 되었다. 3위에 해당하는 배우자의 폭력에 대한 부분은 간접적인 폭력이 있기는 있었다. 싸울 때도 직접 때리거나 욕하는 일은 없었다. 4위에 해당하는 정신적인 폭력은 좀 있었다. 언어적인 것으로 '왜?'라는 말과 지시적인 언어 등이 있었다. 그리고 그만둘 수 없는 것을 알면서도 그만두라고 하는 일이 있었다. 5위에 해당 사항은 없다. 둘 다 아이들을 끔찍이 여긴다. 6위에 해당 사항은 경미하게 있었다. 상대의 친정이나 친척 간의 불화가 좀 있었다. 7위에 해당하는 사항은 없다. 둘 다 가정을 소홀히 하지 않았다. 8위에 해당하는 사항도 없었다. 초기에는 2~3개월에 한 번씩 나오는 월급으로 조금은 힘들지만 그 안에서 조절하며 살았다. 9위의 해당 사항도 없다. 서로 알뜰하게 살았다. 10위에 해당하는 사항도 없다. 시부모님이 다 안 계시기에 문제가 없었다.

　결혼은 인간 대 인간으로 만나서 해야 한다. 설사 인간 대 인간으로 살지 못한다면 어떻게 해야 하는가? 나에게 주어진 상황을 돌파해야 한다.

나도 불행을 청산하고 싶었던 때가 있었다. 그러면 불행을 청산하면 행복해질까? 인간 대 인간으로 살지 못하는 삶, 이혼만이 능사일까? 질문에 질문을 더해보았다. 나의 답은 이혼은 어떠한 이유로도 정당화할 수 없었다. 이혼의 유산을 물려줘서는 안 된다고 생각한다. 이혼하여 고통당하는 자녀들의 삶의 고리를 끊어야 한다. 그걸 내가 끊었다. 행복한 삶으로!

부모의 이혼으로 고통 속에서 자라는 자녀들이 없어야 한다. 그러면서도 이미 쏟아진 물을 주워 담을 수 없는 일, 이혼한 부모를 용서하였다. 주워 담을 수 없는 현실이기에 다른 방도가 없다. 그러나 그 고통은 사라지지 않는다. 인간 대 인간으로 살지 못하는 삶이라고 이혼을 하면 불행이 청산될까? '이혼만이 능사일까?'라는 물음에 답을 해봐야 할 것이다. 자신의 행복에 초점을 맞출 것인지, 자녀에 대한 책임감을 함께 질 것인지 분명히 생각해볼 일이다. 부모의 이혼은 자식을 수렁에 빠지게 하는 일이다. 자식을 수렁에 넣지 않는 방법을 강구해야 할 것이다. 이혼만이 능사는 아니다.

7

우리가 싸우는 진짜 이유

우리 부부가 진짜 싸우는 이유가 궁금하다. 세상에 싸우지 않고 사는 부부는 없을 것이다. 싸우지 않고 산다면 그건 기적이다. 우리 부부도 티격태격 늘 싸운다. 대체 어떤 문제로 싸우는가? 왜 그렇게 싸울까? 우리 부부의 싸움은 사소한 것으로부터 시작된다. 신혼 초나 37년이 지난 요즈음이나 똑같다. 남편이 '왜?'라는 말과 지시적인 말을 할 때 싸움을 하게 된다. 남편과 말을 하다가 남편이 '왜?'라는 말을 하면 나의 가슴이 답답해진다. 남편에게 지적을 당하면 반감이 일어난다. 남편이 왜 그러는지가 궁금하다. 나는 또 '왜?'라는 말에 가슴이 답답한지. 지시적인 언어가 왜 그리 싫은 걸까? 남편과 결혼한 지 37년이 되었다. 이 문제를 해결할 방법을 찾아본다.

우리 부부는 주로 어떤 문제로 싸우는가. 남편의 '왜?'라는 말은 싸움의 소지를 제공한다. '왜?'라는 말은 상대의 말을 인정하지 못한다는 어감을 갖게 한다. 사람은 누구나 자기를 인정해주기를 바란다. '왜?'라는 말로 반문을 하면 인정받지 못하는 것 같다. 더 이상 대화하기 어렵다. 우리 부부는 늘 '왜?'라는 말 때문에 싸운다. '왜'의 사전적 의미는 '어째서? 이유가 뭐야? 무엇 때문에?'이다. 이 말은 어떤 이유를 말하고자 하는 육하원칙에도 사용된다. 어떤 문제가 발생하면 이유를 밝혀야 할 때 써야 한다. 가정에서 시도 때도 없이 쓰는 말이 아니라고 생각한다. 부부간의 대화 속에 '왜?'라는 말은 삼가야 한다. 아이들이 말을 배울 때는 수없이 '왜?'라고 물어본다. 남편은 대화 속에 '왜?'가 따라다닌다. 우리 부부는 이 말 때문에 늘 싸운다. 싸움거리가 되는 말은 사용하지 말아야 한다. 가정의 언어, 위로와 격려의 말로 바꾸면 안 될까?

남편과의 싸움 속에는 '왜'라는 말이 있다. 남편은 무슨 말을 하면 늘 '왜?'라고 말한다. 나는 '왜?'라는 말을 들으면 거부감이 먼저 든다. 내가 인지한 이 말은 부정적일 때 쓰는 말이다. 남편에게 '왜?'라는 말을 많이 쓰는 이유가 뭐냐고 물었다. 남편은 왜 묻느냐고 되물었고, 나는 힘든 사람한테 '왜 힘들어?'라고 하면 더 힘들다고 했다. 남편은 이해가 가지 않는단다. 내가 너무 예민하게 받아들인다고 한다. 나는 그 말을 들으면 뭔가 더 생각해내야 하니 힘들다고 했다. 힘들어서 말하면 '고생했어, 좀 쉬어.' 하면 끝날 일이라고 했다. 그래도 나보고 참 이상하다고 한다. 이쯤 되면 난 말하기 싫어진다. 우린 그렇게 늘 싸운다. 그 문제로의 싸움은 해결이 되지 않는다. 그렇게 쌓인다.

어떤 회사의 여직원은 '왜'라는 말을 쓰다가 퇴사를 당했다. 어떤 여직원이 고객과 상담 중에 고객에게 '왜 그러세요?' 했다가 퇴사를 당하는 사태가 발생했단다. 그 직원은 이때 '왜 그러세요?'가 아닌 '아 그러세요?', '이렇게 해보면 어떨까요?'라고 해야 한다는 것이다. 이렇듯 '왜?'는 함부로 쓰면 안 된다고 한다. 고객이 사장에게 직원 교육에 대한 문제를 제기하였다고 한다. 처음에는 사장의 사과로 넘어갔단다. 그런데 그 직원은 습관적으로 그 말을 사용했다고 한다. 그 여직원은 1년여 그 자리에 있었는데 결국 그 고객에게 또 '왜?'라는 말을 했단다. 그때는 사장이 사과해도 소용없었다고 한다. 결국 사장이 그 직원을 퇴사시키는 것으로 해결이 되었다고 한다. 그제야 단골이며 최우수 고객의 마음이 풀렸다고 한다. 그 고객에게 '왜?'라는 말은 따지는 말이었다. '왜?'라는 말은 서비스 직업에서 사용하지 않아야 할 말인 것 같다.

우리 부부만의 언어가 필요하다. 세계 어느 나라든 자기 나라말로 소통을 한다. 영어권에서는 영어로 말을 한다. 중국에서는 중국어로 말을 한다. 각기 자기 나라의 언어로 말을 한다. 우리나라에서도 한국어로 말한다. 우리나라 언어 중에서도 지방마다 다른 언어가 있다. 대개는 표준어로 말한다. 하지만 아직도 지방마다 사투리로 소통하기도 한다. 서울에 가서 살면 서울의 언어로 말해야 통한다. 경상도에 가면 경상도 말로 소통을 해야 편하다. 전라도나 충청도, 강원도는 그래도 약간씩은 다르지만 대략 소통은 된다. 가장 소통이 어려운 곳이 경상도와 다른 지역일 것이다. 제주도도 마찬가지다.

또한, 직장에는 직장에서 소통되는 언어들이 있다. 공사현장에는 공사현장에서 사용되는 용어들이 있다. 군대 가면 군대 용어가 있다. 우리 사회구성원이 속하는 곳에는 그곳만의 용어들이 있다. 그러나 유일하게 가정에는 가정만의 언어는 없다. 가정만의 언어가 필요하다.

내가 남편에게 거부감을 느끼는 이유. 우리 부부는 지시적 언어 때문에 싸운다. 남편은 '왜'라는 말과 같이 지시적 언어가 습관화되어 있다. 남편은 달리는 말에 채찍질을 한다. 마치 나를 공사현장 직원에게 하듯이 지시를 한다. 무엇인가를 하고 있는데 하라고 하면 기분이 나쁘다. 남편이 퇴직하게 되면서 더욱 심해졌다. 24시간 함께 있다 보니 싸움이 잦아졌다. 집안일을 전혀 하지 않던 남편이 집안일에 관심을 가지면서 싸움이 시작되었다. 남편은 주방을 보고 주방이 지저분하니 치우라고 한다. 냉장고에 물건이 썩었다며 청소를 하라고 한다. 내 방에 오면 방바닥을 보고 청소 좀 하라고 한다. 화장실을 다녀오면 또 잔소리를 한다. 내 행동 하나하나를 보고 이래라저래라 하며 지시를 한다. 남편이 집에 있는 자체로도 힘든데 말이다. 이제까지 내 전유물인 집안 살림에 대해 사사건건 지시를 한다. 못 보겠으면 자기가 하라고 하고 싶지만 참는다. 큰 싸움이 일어날 것 같은 예감이 들 때는 참는다. 참으니 속이 답답하다.

우리 부부에게는 가정의 언어가 필요하다. 가정은 혈연공동체이다. 혈연공동체는 편하다. 너무 편해서 함부로 말하기 쉽다. 부부관계는 더욱 그러하다. 그러다 보니 지시적인 언어를 많이 쓴다. 지시를 받으면 기분 좋은 사람은 없을 것이다. 어떤 일을 하고 있는데 하라고 하는 때도 있다. 남편이 집에서 출근하거나 집에서 생활할 때는 늘 싸운다. 나는 예나 지금이나 늘 먼저 일어난다. 늦게 일어난 남편과 첫눈을 마주친다. 서로 씨익 웃는다. 그것이 잘 잤느냐는 인사이다.

이때까지는 뭐 좋다. 문제는 남편이 화장실을 다녀오면서부터 생긴다. 아마도 거실이나 주방을 둘러보았나 보다. 남편은 눈에 거슬리는 것이 있으면 바로 말한다. 제자리에 물건이 놓여 있지 않으면 "저것 좀 치워."라고 말이다. 남의 기분은 생각을 하지 않는다. 그 말을 듣고 기분이 좋지 않아도 밥을 차려준다. 기분 나쁜 내색을 하지 않고 출근하게 한다. 직장에서 일하는 사람 기분 좋게 보내야 하니까.

저녁에 퇴근하면 말해야지. 속으로 그러다가 말을 못 한다. 온종일 아이들하고 지내다 보면 지친다. "지시를 하지 말고 다른 말로 하면 안돼?"라는 말을 하고 싶다. 그러나 말꼬리를 잡히면 싸우게 된다. 싸울 만한 힘이 없다. 그렇게 참다가 참을 수 없을 때가 있다. 결국 남편은 큰소리를 친다. 나는 한마디 해보지만 먹히지 않는다. 나는 그만 울고 만다. 지시적인 말로 일어난 싸움도 해결되지 않는다. 또 그렇게 쌓여간다.

우리 부부가 진짜 싸웠던 이유는? 우리 부부는 늘 '왜'라는 말과 지시적인 언어 문제로 싸운다. 남편이 자주 쓰는 '왜'라는 말은 싸움의 소지를 제공한다. 지시를 받고도 기분 좋은 사람은 세상 어디에도 없을 것이다. 남편이 단지 궁금해서 물어본 '왜'라는 말과 지시적인 언어의 사용은 말의 기술이 부족한 것이라고 생각한다. 동시에 가정이나 부부 간의 언어로 적합하지 않다고 생각한다. 가정에서 자주 사용해서는 안 되는 언어다. 남편의 말에는 '왜?'라는 말이 습관화되어 있다. 평생 고치지 못하는데 어쩌겠나? 1년만 더 같이 산다 해도 고쳐야 한다. '아' 다르고 '어' 다르다는 말이 있듯이 말을 잘해야 한다. 감정이 쌓이면 언젠가는 폭발하게 된다. 반격을 당할 수도 있다. 어떤 업체의 여직원이 왜라는 말을 쓰다가 퇴사를 당했듯이 가정에서도 퇴사를 당할 수도 있다. 싸움의 소지가 있는 '왜?'라는 말과 지시적인 언어를 바꾸어야 한다. 반드시 가정의 언어로 고쳐야 한다고 생각한다.

결국, 우리 부부 싸움은 가정의 언어가 없어서 싸웠던 것이다. 말의 기술 부족으로 싸운 것이다. 우리 부부 간에 위로가 되는 말이 없어서 싸운 것이다. 가정의 언어는 현장소장의 언어와 달라야 한다. '왜?'라는 말은 근거를 대야 하는 말이다. 그리고 상대를 부정하는 말이다. 문제가 있을 때 사용해야 하는 말이다. 가정은 공사현장이 아니다. 남편이 직장에서 현장소장의 일을 할 때나 필요한 언어다. 집에서 사용해도 문제가 없다면 사용해도 된다. 그러나 늘 부부 간 싸움의 재료가 된다면 고쳐야 한다. 우리 부부만의 언어가 필요하다. 말의 기술을 개발해야 한다. 힘들 때 위로가 되는 가정의 언어로 고쳐야 한다.

2장

왜 점점 남의 편이
되어가는 걸까?

1

내가 세탁기를 잡고 울었던 이유

당신은 싸우고 나면 어떻게 하세요? 이웃집에 50대 부부가 있었다. 그 부부는 싸움을 자주 한다. 싸워도 자기들만 싸우는 게 아니다. 얼마나 요란하게 싸우는지 한밤중에 주변 사람들을 깨운다. 세상 끝을 볼 것처럼 집안 살림을 부수면서 싸운다. 죄 없는 주변 사람들만 벌벌 떨게 만든다. 보다 못한 어른들이 한마디 한다. 아무래도 저 집에 무슨 일이 일어날 것 같다고 장담한다. 예측 불허, 이튿날 그들은 아무 일도 없었다는 듯이 웃으며 사람들을 본다.

우리는 사람들 보는 앞에서 싸우지 않는다. 우리 부부의 싸움은 누구도 알아차리지 못한다. 말다툼하다가 남편이 큰소리치면 나는 피해버린다. 보이지도 들리지도 않는 공간으로 가서 울어버린다. 시댁이나 친정에서도 우리는 싸우지 않고 사는 줄 안다. 늘 좋은 모습만을 보이려고 했던 것이다. 남들에게 싸우는 모습을 보이지 않고 살았다.

나는 부모님이 싸우는 것을 자주 보았다. 싸우는 것이 몹시 싫었다. 싸우지 않는 집에서 다시 태어나고 싶다는 생각을 한 적도 있었다. 아이들에게 싸우는 모습을 보이지 않으려고 했다. 그런 생각 때문에 싸움을 피했던 것 같다. 남편은 자기가 제압했다고 좋아하는 것 같다. 그저 나는 부모님의 전철을 밟기 싫을 뿐이었다. 나는 싸우면 베란다로 가서 세탁기를 잡고 울었다. 아이들에게 싸우는 모습을 보이지 않기 위해서.

싸우고 나면 갈 수 있는 곳은 오직 베란다였다. 예나 지금이나 여자들은 운신의 폭이 좁다. 싸우고 나면 갈 곳이 없었다. 나는 싸우고 나면 베란다에서 세탁기를 잡고 운다. 어떤 사람들은 싸우면 친정에 간다고 한다. 친구를 만나서 수다도 떤다고 한다. 그러면 다시 마음이 편해진다고 한다. 나는 결혼하면서 시댁이나 친정에 불편한 모습은 보이지 말자고 다짐했다. 그것도 기댈 곳이 없어서 그런 것 같기도 하다. 아무리 힘들어도 나 혼자 견뎌야 했다. 남편은 회사 일로 바빴다. 남편한테도 내 처지를 모두 털어놓지 못했기에 더욱 힘들었던 것 같다. 싸우고 나면 갈 곳이라곤 오직 베란다뿐이었다.

연년생 키우기가 쌍둥이 키우기보다 더 어렵다고 한다. 연년생을 키우는 나는 한 녀석이 감기에 걸리면 병원에 다닌다. 한 녀석이 나을 때쯤 되면 다른 녀석이 걸린다. 또 병원에 다녀야 한다. 둘이 다 나으면 나에게 감기와 몸살이 온다. 우리 아이들은 잔병치레를 많이 했다. 셋이서 한 달 내내 병원에 다닌 적도 많다. 나는 늘 잠이 부족했다. 두 녀석이 밤에 교대로 깬다. 낮에는 두 녀석이 같이 잠을 자도 나는 잘 수가 없다. 설거지를 해야 하고 청소를 해야 한다. 또 빨래를 해야 한다. 몸살이 자주 났다.

남편하고 싸우면 나는 갈 곳이 없다. 친정이나 시댁에 갈 수도 없다. 오직 베란다밖에 없다. 한 번쯤은 나가서 바람이라도 쐬고 싶었다. 그것도 마음뿐, 아이들 때문에 그럴 수 없었다. 내가 갈 수 있는 곳은 오직 베란다. 내가 할 수 있는 것은 베란다에서 세탁기를 잡고 우는 것뿐이었다.

세탁기를 잡고 울다가 윗집 아주머니한테 들켰다. 겨울에도 베란다의 세탁기는 나의 유일한 감정 해우소다. 큰아이 출산 후 몸조리를 못 해서 작은아이 낳고는 제대로 해보려고 했다. 아파트로 이사 갔을 때이다. 교회 다니던 윗집 아주머니를 알고 지냈다. 그 아주머니한테 출산 후 산바라지를 해주실 분을 알아봐달라고 했다. 당신이 해주겠다고 한다. 가깝기도 하고 잘되었다며 맡겼다. 아뿔싸! 나중에 알고 보니 그냥 해주는 것이었다. 이상하다고 생각했다. 그분은 어떤 때는 오고 어떤 때는 오지 않았다. 다른 아주머니를 부를 수도 없었다. 힘들어서 울다가 아주머니한테 들켰다.

그날은 남편하고 싸우고 운 것이 아니었다. 힘들어서 울었다. 연년생아이들을 혼자서 키우기가 너무 힘들었다. 밤잠도 못 자고 낮잠도 못 잔다. 잠이 고프다. 세탁기 돌리러 갔다가 그만 운 것이다. 부모 형제 누구하나 거들어 줄 사람이 없는 내 신세가 딱해서 울었다. 일이 많다며 동분서주하며 틈틈이 오는 분에게 그만두라고도 할 수 없었다. 작은아이 낳고라도 몸조리를 해보려던 꿈은 수포로 돌아갔다. 나는 아이 낳고 몸조리할 팔자가 아닌가 보다 하고 포기하였다. 아이들에게 나는 우는 모습을 보이지 않아야 했다. 세탁기는 나의 유일한 피난처였다. 세탁기라도잡고 울고 나면 속이 좀 풀렸다.

세탁기 잡고 울다가 큰아이한테 들켰다. 불면증에 걸려서 3년을 고생하던 때가 있었다. 한낮에 아이들을 모두 다 재웠다. 기저귀를 세탁기에넣으려고 베란다로 갔다. 아이들이 잘 때 나도 자야 하는데 잘 수가 없다. 빨래를 넣고 돌리는데 갑자기 울음이 쏟아졌다. 1시간만이라도 자고싶다. 눈을 뜨고 있는지 감고 있는지 내 눈은 늘 게슴츠레하고 소화도 잘되지 않아 속도 답답했다. 울고 나면 속이 좀 시원할 것 같아 그냥 울었다. 큰아이가 잠에서 깨었나 보다. '엄마'를 부르며 찾아다니는 듯했다. 눈물을 얼른 훔치고 가려고 했는데 벌써 베란다 문을 열었다. 아이에게 우는 모습을 보였다. 아이가 '엄마~!' 하고 달려들었다. 같이 잡고 울었다. 속으로는 '아이 앞에서 울지 말자.' 다짐하는데 자꾸 눈물이 났다. 그러자 딸아이가 "엄마, 울지 마." 한다. 그래 내 새끼, 엄마가 울어서 미안해.

싸우고 나서 세탁기를 잡고 울었던 이유. 17살 때부터 나는 객지 생활을 하였다. 그 전까지 본 친정 부모님은 늘 싸우셨다. 부모님이 싸우면 늘 불안했다. 난 부모님들이 싸우면 정말 싫었다. 나는 자연스레 부모들이 아이들에게는 싸우는 모습을 보이면 안 된다는 생각을 하게 되었다. 신혼 초에 남편하고 싸우면 나면 나는 늘 울었다. 남편이 큰소리를 치면 난 아이들을 먼저 생각했다. 아이들에게 싸우는 모습을 보이지 않으려고 그만 베란다로 가버렸다. 베란다에는 바로 세탁기가 있었다. 세탁기를 잡고 울었다.

어릴 적 내가 본 친정은 싸우는 날이 많았다. 새엄마는 늘 불평을 했다. 아버지는 참다 참다 엄마를 때리신다. 어느 날 밤이었다. 자다가 밖에서 이상한 소리가 들렸다. 뚫린 창호지로 밖을 보았다. 새엄마를 중매했던 이웃집 할머니가 오셔서 새엄마랑 아버지를 달래고 계셨다. 새엄마가 분을 못 이겨 농약을 마시려 했단다. 아버지가 어찌 아셨는지 빼앗았다고 한다.

나는 이런 가정에서 불안하게 살았다. 나는 아이들을 불안하게 하지 말아야 한다고 생각했다. 싸움이 없는 가정을 만들려고 무지 애를 썼던 것 같다. 내가 싸우면 아이들이 불안해한다. 일단 자리를 피하자. 피할 곳은 뒤에 있는 베란다뿐이었다. 싸우려 했던 감정은 바로 풀리지 않는다. 세탁기를 잡고라도 울었다. 세탁기를 잡고 울어본 적이 여러 번 있었다.

낳은 엄마가 보고 싶을 때도 세탁기를 잡고 울었다. 한번은 세탁기에 빨래를 꺼내러 갔는데 슬픔이 솟구쳤다. 낳아준 엄마가 살아계셨다면 나를 이렇게 힘들게 놔두지는 않았겠지? 나를 낳아준 엄마가 보고 싶었다. 결혼하기 전에 낳아준 엄마를 찾아갔는데 2년 전에 돌아가셨다고 했다. 이모와 외갓집 식구들만 보고 왔다. 엄마가 재가하여 낳은 동생들이 있다고 했다. 그들도 보고 싶었다. 엄마가 이혼하고 재가하였는데 더 힘들게 살았다는 이야기도 들었다.

결혼 전에 남편에게는 그 사실을 다 말하지 못했다. 다만 돌아가셨다는 말만 했다. 너무도 엄마가 그리웠다. 엄마라고 한 번 불러보지도 못했다. 세탁기를 잡고 '엄마, 엄마, 엄마!' 하면서 실컷 부르며 울었다. '나는 엄마 같이 이혼을 하면 안 돼.' 얼마나 다짐을 하면서 살았는지 모른다. '금보다 더 귀한 내 새끼들에게 나와 같은 고통을 주지 않을 거야.'

세탁기는 나의 감정 해우소 역할을 했다. 지금도 남편은 여전히 큰소리를 친다. 그럴 때마다 세탁기 잡고 울었던 때가 생각난다. 남편하고 싸우면 세탁기를 잡고 울었다. 너무 힘들 때도 세탁기를 잡고 울었다. 낳은 엄마가 보고 싶을 때도 세탁기를 잡고 울었다. 내 신세가 처량할 때도 세탁기를 잡고 울었다. 감정이 북받칠 때 세탁기를 잡고 울었다.

세탁기는 나의 감정을 비워내는 유일한 해우소였다. 다른 사람들에게 싸우는 모습을 보이지 않게 해주었다. 큰 싸움을 막아내는 역할을 하였다. 낳은 엄마에 대한 그리움도 사그라지게 해주었다. 감정 조절도 해주었다. 가슴을 후련하게도 해주었다.

왜 하필 세탁기를 잡고 울었는가? 부모가 싸우면 아이들이 불안해한다. 내가 어렸을 때, 싸움이 잦은 가정에서 자라면서 자연스럽게 알게 되었다. 남편과 싸우지 않으려고 노력했지만 감정을 이기지는 못했다. 아이들 보는 앞에서 싸우는 모습을 보이지 않으려고 피하는 곳이 베란다였다. 때로는 생모가 보고 싶어서 세탁기를 잡고 울었다. 내가 한심해서 울기도 했다. 속이 답답해서 울었다. 내 신세가 처량해서 울었다. 나 자신이 불쌍하고 내가 바보 같아서 울었다. 아이들 때문에 헤어질 수도 없어서 울었다. 이혼하지 않으려고 울었다. 부모의 이혼으로 나는 갈 곳이 없었다. 갈 곳이라곤 베란다뿐이었다. 그곳에는 세탁기밖에 없었다. 세탁기라도 잡고 울어야 했다. 울어서 감정을 풀어야 했다. 아이들에게 싸우는 모습을 보이지 않기 위해서.

2

천하에 기댈 곳이 없다

천하에 기댈 곳은 어디란 말인가? 신은 자녀들에게 부모라는 울타리를 주었다. 자녀들은 태어나서 그 울타리에서 평생 보살핌을 받으며 자란다. 부모는 울타리 안에 가정이라는 훈련소를 운영한다. 부모는 결혼하기 전까지 훈련을 시켜서 새로운 훈련소를 분양한다. 가정은 세상을 잘 살아가기 위한 훈련소가 된다. 가정은 최초의 사회생활 공간이기도 하다. 자녀는 육체 활동을 위한 밥을 먹는다. 정신활동을 위한 밥상머리 훈련도 받는다. 이 공간에서 다양한 형태의 훈련을 받는다. 어떤 자녀는 친부모를 만나서 평탄한 훈련을 받는다. 어떤 자녀는 편부나 편모에게서 굴곡을 견뎌내는 훈련을 받는다. 계모 계부를 만나 혹독한 인생 훈련을 받는 자녀도 있다. 부모로부터 버려져 양부모에게 가장 고통스러움을 이겨내는 훈련을 받는 자녀도 있다. 세상은 이렇게 다양한 훈련을 통과한 자녀들로 돌아간다. 자기의 그릇에 맞는 훈련소를 거쳐서 성장한다. 그들은 성인이 되면 결혼을 한다. 이제 자신의 자녀를 훈련하는 부모가 된다. 새내기 부부는 훈련소를 운영하는 것이 매우 서툴다. 망망대해에 떠 있는 배와 같다. 망망대해에서 둘이서 살아갈 지혜를 찾아야 한다. 간간이 삶이 힘들 때는 부모님을 찾아가 쉼을 얻고 싶기도 하다. 배우자와 싸우고 나면 더 쉬고 싶은 마음이 간절하다. 그때 찾는 곳이 시댁이나 친정이다.

남편과 싸우면 기댈 곳이 없다. 우리 부부는 서로 다른 환경에서 훈련을 받았다. 남편은 편모의 가정에서 자랐는데, 어머니는 결혼하기 2년 전에 돌아가셨단다. 나는 부모가 다 계시기는 했지만 새엄마 손에서 컸다. 우리 부부는 다른 환경에서 혹독한 훈련을 받으며 자랐다.

이제 우리는 낳은 자녀를 훈련하는 부부가 되었다. 우리 부부는 부모로부터 떠나 서로 기대면서 훈련소를 운영한다. 모든 것이 서툴다 보니 종종 싸우기도 한다. 싸우면 냉전 체계로 들어가기 일쑤다. 서로 기대어 살다가 싸우면 기댈 곳을 찾는다. 어딘가에 지친 마음과 몸을 기대어 쉬고 싶다. 나는 기댈 곳이 없다. 시댁에도 친정에도 없다. 냉전이 오래가면 갈수록 더욱 지친다. 24시간 아이들을 돌볼 힘이 없어진다.

단 1시간만이라도 기댈 곳을 찾아보기로 한다. 내 마음을 쉬게 해줄 대상자를 찾아본다. 무조건 기대어 쉴 만한 사람, 시댁에 있을까? 친정에 있을까? 시댁을 기웃거려본다. 시댁 형제분들은 당신들 살기도 바쁜 것 같다. 동생을 돌볼 여유가 없다. 친정을 기웃거려본다. 생모가 안 계신 친정도 기댈 언덕이 없다. 내가 기댈 곳은 천하에 한 군데도 없다.

내 아이들만큼은 혹독한 훈련을 시키고 싶지 않았다. 평탄한 훈련을 받게 하고 싶었다. 우리 부부의 핵가족 훈련소에서 평탄한 훈련을 시키고 싶다. 누구의 간섭도 받지 않는 핵가족 훈련소가 좋을까? 옛날의 대가족 훈련소가 더 좋을까? 저울에 달아본다. 대가족 훈련소에 무게가 실린다. 할머니의 넉넉함이 있는 훈련소를 운영하고 싶다. 고모도 있고 삼촌도 있는 그런 훈련소. 나는 부모님보다 행복한 자녀들을 기르고 싶었다. 늘 웃음이 있는 훈련소를 만들고 싶었다. 어떠한 일이 있어도 싸우지 않을 것 같았다. 부모가 싸우는 모습은 아이들을 불행한 길로 안내하는 것 같았다. 엄마의 불쌍한 모습도 보이면 안 된다. 그래서 난 아이들 앞에서 울지 않기로 했다. 소원대로 싸우지 않으면 얼마나 좋았을까? 소원과 같이 싸우지 않고 살 수 없다는 현실을 맞이했다.

냉전 중에도 남편은 직장 일로 바쁘다. 새벽 6시에 출근하여 12시에 퇴근을 한다. 화해의 길은 더욱 멀어진다. 그때만 해도 싸우면 남편이 먼저 사과를 요청해야 화해가 되었다. 나는 한 번 말문을 닫으면, 남편이 사과하기 전까지는 말을 하지 않는다. 오직 아이들하고만 이야기하였다. 아이들하고만 지내다 보면 피로가 쌓인다. 1시간만이라도 누가 아이를 봐줬으면 하는 생각이 든 것이다. 기운은 더욱 처진다. 남편을 보면 말도 곱게 나오지 않는다. 아이들과 늘 밀착되어 있다 보니 울 수도 없다.

이기적으로 대가족 제도가 그리워졌다. 부부와 아이들로만 구성된 핵가족 훈련소는 편하고 좋다. 무엇보다 누구의 간섭도 받지 않으니 좋다. 우리가 주체적으로 꾸려갈 수 있어서 참 좋다. 마냥 좋을 줄로 알았는데 아니었다. 아이들을 혼자서 24시간 보살피는 일이 힘들다. 남편과 좋을 때는 한 달에 2번 정도는 힘을 덜어줬다. 남편과 냉전 중일 때도 덜어주기는 한다. 그러나 마음이 무겁기 때문에 힘이 덜어지지 않는다. 대가족 훈련소라면 할머니나 할아버지, 고모, 삼촌이 돌아가면서 돌봐줄 텐데.

인천 아파트에서 살 때, 이웃집 아기 엄마들하고 오며 가며 이야기를 했다. 이런저런 어려운 이야기를 주고받는다. 어떤 아기 엄마는 남편과 싸우면 친정에 가서 속을 다 풀고 온단다. 한 아기 엄마는 친구를 만나서 수다를 떨어가면서 풀고 온단다. 그러면 스트레스가 풀린다고 하였다. 나는 어느 것도 할 수가 없었다. 우리 부부의 불편함을 시댁이나 친정에 노출하지 말자는 철칙이 있었기 때문이다. 이혼할 생각이 아니라면 말이다. 남편과의 냉전 중에는 걸려오는 전화도 받지 않는다. 대가족 훈련소만 그리워하면서 집에서 마음을 삭인다. 그러다 보니 원상태로 돌아가기까지는 시간이 오래 걸렸다.

그래도 시댁과 친정에 기대했다. 너무 힘들다 보니 그래도 기댈 곳을 찾아보기는 했다. 시댁과 친정에 문을 두드려보았다. 기대는 한 길 깊이로 내려갔다. 시댁은 시댁대로, 친정은 친정대로 나의 기대를 채워줄 수 있는 곳이 없었다. 시댁은 위의 형제들만 계셨다. 그분들을 오히려 걱정해줘야 하는 듯했다. 조카들을 좀 기대해보았다. 그들도 학교에 다니기에 어려웠다. 안 되는 줄 알면서도 혹시나 하고 기대를 했다. 시부모님이 계셨다면 기대를 채워주셨을 것이라는 생각만 해보았다. 친정도 마찬가지였다. 친정에 부모가 계시지만 친부모는 부재중이다. 당시 아버지는 회사에서 크게 발을 다쳐서 병원 생활을 하시는 중이었다. 새엄마는 병원을 오가며 아버지 시중을 드시느라 여력이 없단다. 동생들은 학교에 다니니 시간이 없단다. 바로 이웃집도 아니니 잠깐씩이라도 봐 달라고 할 수도 없다. 나에게 그런 기대는 다 부질없는 짓이었다. 혼자 애만 태웠다. 남편과의 냉전은 너무도 힘들다. 앞 동의 새댁이 부러웠다. 그 댁은 시부모님이 오셔서 산바라지해주신다. 친정어머니가 계신 집은 친정집에 가서 한 달 정도 몸조리를 하고 오기도 했다. 때때로 와서 아이들도 봐준다. 시부모님이 계시지 않아 부양할 책임도 없고 편했다. 편한 만큼 불편함도 따르는 것이 세상사라는 것을 알았다. 그 후 이기주의적인 생각을 버렸다.

아이들을 혼자 힘으로 키우는 것은 내 숙명이었다. 시댁 형제들에게 기대었던 마음을 접었다. 친정 새엄마한테 친모처럼 대해주기를 바라는 마음도 접었다. 친정에는 그래도 작은아이 낳으면서 큰아이를 한 번 맡겨본 적이 있었다. 작은아이 낳은 직후 내가 몸을 추스르지 못할 때이다. 나는 은근히 기대했다. '큰아이 낳았을 때는 그냥 지나갔고 작은아이 낳았으니 몸조리를 해주시겠지?' 큰아이만 데려오라고 해서 큰아이만 보냈다. 한참 호기심 천국이었던 딸이 이모 필통을 가지고 놀았던 모양이다. 어쩌다가 칼로 얼굴이 긁혔단다. 당장에 데려오라고 했다. 그렇게 일주일이라도 맡아준 것에 만족해야 했다. 가끔 오시는 시누님의 위로는 간이 쉼터였다. 남편 바로 위의 누나는 예나 지금이나 늘 걱정을 해주셨다. 당신은 친정엄마가 다 해주셨다고 했다. 혼자서 키우기가 얼마나 힘드냐며 늘 안쓰러워하셨다. 큰시누님이 계셨는데 자주 뵙지는 못했지만, 한 번씩 보면 우리를 예뻐해주셨다. 두 시누님들에게 간간이 마음의 위로는 받았다. 시댁에서는 그분들만이 우리를 걱정하는 것 같았다.

천하에 기댈 곳이 없다 보니 신세타령만 했다. 부모님의 이혼이 결혼생활까지 슬픔으로 이어질 줄은 몰랐다. 결혼하면 슬픔은 없어질 줄 알았다. 자녀는 친부모를 잘 만나야 한다. 시부모님도 계셔야 한다. 내 자식이라면 발 벗고 나서겠지만 형제는 형제일 뿐이었다. 친부모님이 아닌 새엄마는 새엄마일 뿐이었다. 새엄마는 당신의 소생인 딸들은 모두 산바라지를 다 해주었다. 힘들다 하면서도 집에 데려다가 해주었다. 동생들과 비교하니 그게 더 슬펐다. 이혼한 자녀의 고통은 결혼 전의 고통으로 끝나지 않았다. 남편은 바쁘다. 아이를 혼자 키우기가 어려워서 신세타령만 했다.

천하에 내가 기댈 곳은 없었다. 남편과 싸우고 나면 천하에 내가 기댈 곳은 어디에도 없었다. 이기적으로 대가족 훈련소가 자꾸 그리웠다. 혹시나 시댁과 친정을 탐색해보았지만, 기대치는 그만 나락으로 떨어졌다. 형제는 형제일 뿐이었다. 친모가 부재중인 친정은 기대는 기대로 끝났다. 내가 기댈 곳은 아니었다. 나는 아이들을 혼자의 힘으로 키워내야 했다. 천하에 기댈 곳이 없다 보니 슬픈 신세 한탄만 남았다. 신세 한탄을 한다고 슬픔이 사라지는 것은 아니었다. 남편과의 냉전 중에는 더욱 그러했다. 우리 부부의 훈련소는 서툰 운영으로 어렵기만 했다.

3

미주알고주알 따지는 남편

당신은 미주알고주알 배우자가 좋습니까? 너그러운 배우자가 좋습니까? 새롭게 꾸민 핵가족 훈련소에서는 미주알고주알 하지 않아야 한다. 사람의 창자 끝까지 다 까발리듯 미주알고주알 이야기하면 곤란하다. 부부의 성격은 다들 다르다. 생각도 다양하다. 어떤 사람은 미주알고주알 따지는 성격이다. 어떤 사람은 허허 하며 이해하며 넘어가는 사람이 있다. 미주알고주알 따지는 형을 만나면 피곤하다. 허허 하며 이해하는 사람을 만나면 편하다. 새롭게 꾸민 장소는 편안해야 한다.

부모님 세대나 우리가 부모가 된 시대도 마찬가지로 편안한 곳이 분명히 있었다. 그때도 미주알고주알 따지는 집이 있는가 하면, 허허 하며 이해를 잘하는 집이 있었다. 무슨 이야기를 하면 사소한 것까지 따져 묻지 않았으면 좋겠다. '이건 왜 이래?', '왜 이렇게 했어?' 이렇게 꼬치꼬치 물어보는 습관을 버려야 한다. 아주 사소한 일까지 속속들이 따져 물으면 의심하는 걸로 오해를 받을 수 있다. 성인이면 알 만한데도 묻는다. 이런 사람과 매일 이야기하면 정말 피곤하다.

미주알고주알 따지는 사람은 정말 피곤하다. 나의 남편이 미주알고주알 캐묻는 형이다. 주말부부로 살 때는 미주알고주알 남편인 줄 몰랐다. 사소한 것까지 속속들이 캐묻고 따지는 줄은 정말 몰랐다.

요즈음 집에서 늘 24시간 함께 지내면서 알게 되었다. 말 한마디 하면 속속들이 캐묻고 따진다. 일일이 답변하느라 정말 피곤하다. 마치 아이들이 말을 배울 때 같다. 좋은 말로 체가 곱다고 말해준다. 체가 좀 넓었으면 좋겠다고도 해본다. 가면 갈수록 더하는 것 같다. 나이가 들면 사람 속이 좁아진다고 하더니 나이가 들어서 그런가? 나이가 들어갈수록 더하면 어쩌나 걱정이 된다. 이제 따져 물으면 대꾸하기 싫다. 대꾸해주지 않으면 무시한다고 한다. 그러면 대충 좀 넘어가라고 한다. 궁금한데 어떻게 그냥 넘어가느냐고 한다. 네이버에 물어보라고 한다. 그 동안 주말부부를 하지 않았다면 질식했을 것 같다. 남편이 이 정도로 세심한 면이 있다는 걸 몰랐다. 미주알고주알 하는 남편은 정말 피곤하다.

할 일이 많은 나, 할 일이 없는 남편. 나는 사업의 성장을 위해 늘 배우고 연구한다. 남편은 생각만 좀 하는 정도다. 남편은 단순하게 사는 사람이다. 궁금한 것이 있으면 자기가 배울 생각을 하지 않는다. 모든 것을 나에게 물어보는 것 같다. 어떤 때는 내가 알려주면 내가 알려준 것을 잊어버리고 나에게 가르친다.

어떤 사람하고 대화를 하다가 하나 배웠다. 나는 교육은 죽어야 끝난다고 했다. 그랬더니 교육은 죽어서도 받아야 한다고 했다. 사업을 하는 이상, 살아 있는 한 배워야 한다는 생각이다. 사는 날 동안 교육은 받아야 한다는 생각이 분명해졌다. 무슨 교육을 받을 것이냐는 후차적인 문제이다. 남편은 할 일이 없어도 교육을 받으려고 하지 않는다. 나 같으면 할 일 없으면 교육이라도 받겠고만.

미주알고주알은 자기 입장에서 하는 말이다. 우리 부부는 20년 이상을 주말부부로 살았다. 최근 4년여는 24시간 붙어 있다. 처음에는 함께 있는 자체가 부담이었다. 그런데 남편의 미주알고주알로 더욱 부담이 생긴다. 남편은 소소한 것까지 사사건건 캐묻는다. 남편과 이야기를 하면 피곤하다.

엊그제 일이다. 책을 빨리 쓰는 방법을 배웠기에 실천에 들어갔다. 김도사님이 원고 쓰기 전에 책을 10권쯤 앞에 놓고 쓰면 잘 써진다고 한다. 그래야 생각이 말랑말랑해져서 잘 써진다고 한다. '실천하지 않으면 교육은 허상이다.'라는 것이 나의 지론이다. 바로 실천에 들어갔다. 원고 쓰는 컴퓨터 앞에 책을 10권 넘게 펼쳐놓았다. 나는 실천의 왕이다. 새로운 시도가 좋아서 나름대로 뿌듯해하고 있었다. 이제 책장으로 책을 가지러 가는 시간이 절약되겠다. 즉시 펼쳐볼 수도 있어서 좋았다

남편이 이 광경을 보았다. "책 제목들만 늘어놓고 뭐 하는 거야?" 물건은 한자리에 있어야 사용하기 편리하다고 생각하는 남편이 한마디 한다. 그 소리를 들으니 그만 대답하기가 싫었다. "내가 알아서 해." 남편은 왜 그렇게 했는지 궁금해서 물어본다고 했다. 이왕이면 "오! 새로운 스타일인데? 이렇게 늘어놓은 데는 이유가 있겠지?" 그렇게 물어보면 얼마나 좋았겠나. 그러면 이렇게 한 의도를 말해줄 수 있을 텐데 말이다. 왜 말을 그렇게밖에 못 하는가? 남자들이 다 이런 건지, 내 남편만 이런 건지 모르겠다. 남편은 가정화되지 않았다. 남편은 자기 관점에서만 이야기하는 사람이다. 이런 남편의 꼼꼼함은 직장 일에는 필요하겠지만 가정에서는 피곤하다.

미주알고주알은 남을 못 믿을 때 하는 말이다. 강원도에서 살 때 옆집 아주머니와 친하게 지낸 적이 있다. 이 아주머니는 남들에게는 너그러

웠다. 유독 남편에게는 사사건건 미주알고주알 따지셨다. 남편이 무엇을 하든지 캐묻고 확인을 하신단다. 왜 그러냐고 하니까 남편이 바람을 피운 적이 있었단다. 그 이후 남편이 하는 일을 믿지 못하겠더란다. 믿을 수 없으니 확인하고 또 확인한단다. 아저씨는 옛날 일 가지고 계속 그런다며 화를 낸단다. 아저씨를 계속 의심하는 것이 싫다고 하신단다. 이제 그만할 때도 되지 않느냐며 싸우려고 한단다. 아주머니는 바람을 피웠을 때만 생각하면 부아가 치밀어올라 싸운단다. 아주머니도 이제 잊고 싶단다. 하지만 자기도 모르게 미주알고주알 따지게 된단다. 남을 믿지 못할 때 미주알고주알 하게 된다는 걸 그때 알았다.

미주알고주알 까발리는 사람은 피곤하다. 세계에 나라의 영역이 있듯이 인간사에도 영역이 있어야 한다. 각 나라는 자기 나라의 일은 각기 나라에서 처리한다. 가정도 마찬가지라고 생각한다. 또한 부부는 부부만의 영역이 있어야 한다. 부부가 결혼하면 부모에게서 독립해야 한다. 보이는 물질적인 세계는 독립한다. 집도 구하고 물건도 독립적으로 운영한다. 핵가족 훈련소를 마련한다. 문제는 정신적인 독립이 되지 않는다는 것이다. 마음의 경계선이 없어서 문제가 발생하는 적이 적지 않다.

여자들은 그래도 눈치가 있다. 남자들은 눈치가 없다. 자기의 생각대로 말하면 되는 줄로 안다. 우리 부부만 알고 있어야 할 것까지 말하는 경우가 종종 있다. 우리 가정 일을 상의 없이 말하여 당황하게 하는 일이 빈번하다. 남에게 속속들이 말해야 할 필요가 있을까? 우리 가정이나 우리 부부, 나의 영역은 보존되어야 한다. 그것을 모르고 남들에게 미주알고주알 까발리는 남편이 피곤하다. 이런 사람과 어떻게 살아야 할까 참으로 걱정이다.

 미주알고주알 까발려도 된다는 생각은 착각이다. 시골에 살다 보면 집에서도 같이 있고, 이웃집에도 같이 가는 경우가 많다. 어떤 날은 이야기하다 보니 말하지 않아야 할 것까지 말하는 것이었다. 무릎을 살짝 건드리면서 그 말은 참으라는 신호를 보냈다. 그랬더니 자기 말을 막는다며 눈을 크게 뜬다. 결국, 하지 말아야 할 말을 하고 말았다. 시골은 이제 옛날처럼 이웃집 숟가락 숫자까지 다 알고 지내는 사이가 아니다. 많이 배운 사람은 많이 배웠다고 배척당한다. 돈이 많은 사람은 돈이 많다고 배척을 당하기도 한다. 남의 집이 잘되면 배 아파하는 시골 인심이다. 남편은 세상이 변한 것처럼 시골 인심도 많이 변한 것을 모른다. 미주알고주알 다 말하고 살아야 한다는 착각을 버려야 한다.

 미주알고주알 습관을 고치지 않으면 힘들어진다. 사람은 누구나 자기만의 말하는 방식이 있다. 미주알고주알 말하는 것도 습관이다. 습관을 고쳐야 한다. 습관을 고치지 않으면 부부 사이가 더 멀어질 수 있다. 배우자에게 매일 사소한 것까지 묻고 사사건건 따진다면 피곤해진다. 피로가 쌓이면 병이 된다. 자기의 관점에서 말하기보다는 상대의 관점에서 말하는 습관으로 고쳐야 한다.

　미주알고주알 습관을 멈춰라. 당신은 미주알고주알 배우자가 좋습니까? 너그러운 배우자가 좋습니까? 누구나 너그러운 배우자가 좋다고 할 것이다. 미주알고주알 따지는 사람은 정말 피곤하다. 미주알고주알은 자기 관점에서 하는 말이다. 미주알고주알은 남을 못 믿을 때 하는 말이다. 미주알고주알 까발리는 사람은 피곤하다. 미주알고주알 까발려도 된다는 생각은 착각이다. 미주알고주알 습관을 고치지 않으면 서로 힘들어진다. 미주알고주알 습관을 멈춰라.

4

점점 남의 편이 되어가는 남편

당신은 대체 누구 편인가요? 혹독한 훈련을 받고 독립한 우리 부부의 훈련소는 점점 어려워졌다. 편부모한테서 자란 남편과 계모 밑에서 자란 나는 헤맸다. 둘이 마음을 합해도 모자랄 판에 남편은 점점 남의 편이 되는 것 같았다. 남편이 참으로 야속했다.

한 유명 인사의 말이 생각난다. 유명 인사 부부는 어느 시골식당에 가서 음식을 시켰단다. 나온 음식을 먹어보던 남편이 타박하더란다. 타박에 끝나지 않고 주인을 불러서 음식을 다시 가져오게 하더란다. 유명 인사가 보기에는 그럴 것까지 없어 보인다고 하니 그 말을 들은 남편이 화를 내더란다.

식당을 나와 언쟁이 붙었는데 당신은 도대체 누구 편이냐고 하더란다. 이건 편을 말한 것이 아니라 정당성을 말한다고 했단다. 정당성을 말할 것이 아니라 자기편이 돼야 한다고 하더란다. 남편은 그 후로도 며칠 동안 화가 풀리지 않더란다. 유명 인사는 남편이 화가 풀리지 않는 이유를 찾아보았단다. 부부는 어떠한 상황에도 한편이 되어야 한다. 그제야 깨달음이 오더란다. 그 유명 인사는 가정의 화목을 강의하는 사람이었다. 바로 남편에게 사과하였더니 받아주더란다. 남편은 비로소 마음이 풀렸다고 한다. 아무리 자기가 옳다고 생각해도 '부부는 한편이 되어야 한다'는 것을 알았다고 한다. 나도 유명 인사와 같은 생각이다. 어떤 경우에도 배우자의 편이 되어야 한다고 생각해왔다. 그 유명 인사가 깨달은 것처럼 부부는 한편이 되어야 한다.

이 세상에 하나, 내 편은 오직 배우자뿐. 이 세상에 내 편이 될 사람은 오직 배우자뿐이다. 우리 부부가 내 자녀를 잘 훈련시키려면, 훈련소를 잘 운영해야 한다. 어느 경우에도 한편이 되어야 한다. 어디에서든 배우자의 옳고 그름만을 따져서는 될 일이 아니라고 생각한다.

만약에 중죄인에게 자기편이 되어주는 가족이 없다면 그들은 어떻게 되었을까? 출소하고도 갈 곳이 없다면 말이다. 세상은 보는 시각에 따라서 죄인이 될 수도 있고, 안 될 수도 있다. 또한 힘에 의해 죄인이 될 수도 있고, 그렇지 않을 수도 있다. 법을 해석하는 사람도 인간이다. 인간은 오류를 범할 수 있다.

남편은 시댁에만 가면 자기 위세를 세우려고 하는 것 같았다. 신이 우리에게 공동으로 가정 훈련소를 운영하도록 허락했다. 우리 부부가 한편이 되라는 뜻도 있다고 생각한다. 시댁이나 친정, 어느 곳에서든지 부부는 한편이 되어야 한다.

남자는 왜 모를까? 생명줄을 이어놓은 우리 부부의 훈련소를 한편이 되어 운영해야 한다는 것을. 오직 부부는 한편이 되어야 한다. 남편만 바라보고 결혼한 아내가 멀어지게 하는 행동을 하지 말아야 한다. 시댁에서 아내는 외인이다. 남편이 편이 되어주지 않으면 외로워진다. 아내가 얼마나 외롭겠는가? 남편이 시댁에서 중죄를 저질렀어도 아내의 편이 되어야 한다. 이 세상에 내 편은 오직, 당신뿐이니까.

시댁에서 남편에게 면박을 당하여 화가 난 적이 있었다. 한번은 시댁 형님들하고 조카며느리들과 이야기를 하고 있었다. 내가 무슨 말인가를 하고 있는데 그게 아니라며 말을 가로막는 것이다. 내가 더 이상 말을 못하게 강한 말로 막았다. 거기서 싸울 수도 없고 어이가 없었다. 처음에는 상당히 놀랐다. 그렇게 면박을 당할 일도 아닌데 면박을 주는 남편이 야속했다. 그런 일들이 자주 있었다. 면박을 준 이유를 물으면 자기는 면박을 주려고 한 것이 아니라고 한다. 내가 하는 말이 틀려서 고쳐주려고 했다는 것이다. 말을 가로막으면 나는 정말 힘들다고 했다. 다시는 내 말을 막지 말라고 했다. 남편은 여전히 자기는 면박을 주려고 한 것이 아니라고 한다. 내가 예민한 것이라며 문제를 나에게 돌렸다. 자기주장만 되풀이한다.

자기만 옳다고 하는 남편, 정말 힘들다. 이의 제기를 하면 고칠 생각을 하지 않는다. 너무 유연성이 없어서 나를 힘들게 한다. 특히 시댁에 가면 더 심하다. 그 심리가 궁금하다. 나를 억누르고자 하는 것인가?

남편은 시댁에만 가면 내 말을 무시한다. 이상하게도 남편은 시댁에만 가면 나를 무시하려고 한다. 무시하지 말라고 하면, 무시하는 것이 아니라고 한다. 내가 무슨 말을 하면 '그게 아니고'로 시작한다. 나의 말을 들으려고 하지 않는다. 나의 말에 대꾸할 가치가 없다는 투다. 특히 친정 이야기가 나오면 더한다. 무시를 당하면 참으로 자존심이 상한다. 남편은 모든 것을 감싸 안아줄 사람으로 생각했는데 실망스럽다.

한 친구가 나와 같이 무시를 당한단다. 시댁에만 가면 친구를 놀린다고 한다. 그 친구도 우연의 일치로 시댁에 형제들만 있다. 친구의 친정에는 그래도 친부모가 계시다. 형제들이나 조카들이 있는데 놀리는 것을 취미 삼아 한단다.

시댁에서 남편은 무조건 아내 편이 되어야 한다. 이 세상에서 오직 한 편은 남편과 아내뿐이다. 부부는 시댁에서나 친정에서, 어디에서든 한편이 되어야 한다. 내 남편은 간혹 위의 유명 인사와 같이 말을 한다. 아무리 배우자가 잘못했더라도 배우자의 편이 되어야 한다. 새롭게 꾸민 핵가족 훈련소는 한편이 되지 않으면 운영하기가 어렵다. 만약에 한마음이 되지 않으면 풍랑을 이기지 못한다. 둘이 중심을 잡고 운영을 하여야 한다.

우리 부부 훈련소가 잘 운영되어야 하는 이유. 시댁은 풍랑을 만나는 배와 같다고 생각한다. 어떤 문제가 발생하였을 때 둘이 중심을 잡고 한마음으로 대처를 해야 할 것이다. 그렇지 않으면 배가 산으로 갈 수 있다. 배가 산으로 가면 바다로 다시는 갈 수 없다. 배가 산으로 가지 않도록 둘이 마음을 합해야 한다. 남편은 시댁에서 어떤 말을 하더라도 아내의 말에 맞장구를 쳐줘야 한다. 설사 잘못된 일이라도 그 자리에서는 남의 편이 되어서는 안 된다. 아내의 편이 되어야 한다. 아내의 편이 되어주지 않으면 아내는 점점 설 자리를 잃어버리게 된다. 아내의 자리는 남편이 만들어주어야 한다.

내 말이 틀렸다고 윽박지르는 남편. 남편은 자기 말이 틀리면 윽박지르는 특기를 가졌다. 남편은 내가 하는 말이 맞지 않으면 틀렸다고 윽박지른다. 무슨 말을 할 때 윽박지르기를 서슴지 않는다. 왜 그렇게 나를 윽박지르는지 모르겠다. 아무래도 나를 억누르려고 하는 것 같다. 그 말이 너무 심하다. 내가 오죽했으면 다시 태어나면 당신과 결혼해서 똑같이 갚아줄 것이라고 했겠는가. 무슨 말을 하면 그게 '아니라고'라는 말을 먼저 한다. 일단 아니라는 말을 먼저 하고 윽박지른다. 윽박지르는 말을 들으면 모든 기운이 쫙 빠진다. 남편이 마치 딴 세상 사람 같다는 생각이 든다. 남편이 점점 멀어지는 느낌이 든다.

남편이 시댁에서 아내 편이 되지 않으면 어떻게 될까? 남편은 왜 점점 남의 편이 되려고 하는가? 부모는 물론 자식도 그 누구도 배우자만큼 한 편이 될 수 있는 상대는 없다. 이제 더 이상 남의 편이 되어서는 안 된다고 생각한다. 남편은 아내를 끌어안고 한편이 되어야 한다. 남편이 아내를 계속 면박을 주거나 윽박지르는 이유가 궁금하다. 아내를 누르면 무엇이 좋을까? 모든 아내는 남편이 자기편이 되기를 바랄 것이다. 시댁에서 남편은 무조건 아내의 편이 되어야 한다. 남편이 아내 편이 되어주지 않으면 아내는 누구를 믿고 살아가야 하는가.

남편이 시댁에서 계속 남의 편이 되면 더욱 힘들어질 것이다. 이 세상의 오직 내 편은 당신뿐이고, 당신에게 당신 편은 오직 나뿐이다. 남편은 왜 점점 남의 편이 되려고 하는지 모르겠다. 남편은 시댁에서 왜 나를 무시하고 윽박지르는지 모르겠다. 부부는 한 배를 탔다. 시댁에서 아내 편이 되어주지 않는다면 아내의 설 자리가 없어질 것이다. 아내의 설 자리가 없으면 아내는 시댁에 가는 것을 꺼릴 것이다. 남편이 계속 시댁에서 아내 편이 되지 않으면 어떻게 될까? 당신의 면목이 없어질 것이다.

5

영혼 없는 말만 오고 가는 사이

영혼 없이 말만 오고 간 이유는 무엇일까? 누구나 영혼 없이 말만 오고 가는 사이를 원하지 않을 것이다. 심리학에서는 영혼은 곧 인격으로 정의한다. 인격이 상처를 입으면 영혼이 신음한다고 한다. 영혼의 신음은 곧 말 없는 상태가 된다. 영혼 없이 말만 오고 가는 사이라면 인격에 상처가 있다는 것이다.

상처는 비인격적으로 대하거나 완벽주의자로부터 받는다고 한다. 어쩌다 우리 부부, 영혼 없는 말만 오고 가는 사이가 되었을까? 우리 부부 인격에 어떤 상처가 있을까? 영혼 없이 말만 오고 가는 부부, 더 이상 방치해서는 안 된다. 우리 부부의 훈련소에서 영혼 없는 말만 오고 간다면 심각한 일이다. 이들은 머지않아 시련을 맞게 될 것이다. 더 큰 시련이 오기 전에 막을 방도를 찾아야 한다.

영혼은 곧 인격이다. 인격에 상처를 입히면 영혼이 아프다. 우리 부부는 왜 영혼 없는 말만 하며 사는지 몰랐다. 인격에 상처를 받으면 영혼 없는 말만 오고 가는 사이가 된다고 한다. 비인격적인 것이나 완벽주의 때문에 상처를 받는다는 말에 가슴이 찔린다. 상처 입은 인격은 신음하는 영혼이 된다고 한다. 신음하는 영혼은 우리에게 영혼 없는 말만 오고 가게 한다. 우리는 그것도 모르고, 비인격적인 대접이나 완벽주의에 대한 경계심이 없었다. 영혼 없는 말만 오고 가는 사이가 되어도 감지를 못했다. 비인격적인 말로 인해 상처 난 영혼은 불안과 짜증, 우울증으로 나타난다고 한다.

인격을 비인격적으로 대하는 것을 경계해야 한다. 완벽주의자로 상대방을 옭아매는 일도 주의해야 한다. 우리 부부가 서로 사랑해서 꾸린 보금자리, 자녀의 영혼이 신음하지 않게 해야 한다. 계속 방치하면 불안으로 훈련소를 채울 것이다. 짜증으로 일은 점점 더 어려워질 것이다. 어쩌면 우울증으로 아무것도 할 수 없을지도 모른다.

비인격적인 말에 영혼은 상처를 입었다. 우리 부부도 영혼이 없는 말들만 오고 가는 사이가 될 때가 있었다. 싸우고 나면 서로에게 상처를 남긴다. 비인격적인 말은 적대적인 말과 모욕적인 말, 큰소리는 영혼에 상처를 남긴다. 이런 말들을 들으면 인격이 상처를 받는다. 이 상처는 육신의 상처와 달리 빨리 낫지 않는다. 서로 자기의 잘못을 바로 인정하지 않으면 상처가 오래간다. 상처를 바로바로 치유해주어야 할 이유이다. 여지없이 영혼 없는 대화만 하게 된다.

우리 부부는 영혼에 상처를 입으면 우울한 상태로 들어간다. 아침에 밥 먹을 시간이 되면 밥상을 차린다. 밥상을 차려놓았는데도 오지 않으면 "밥 먹어."라고 영혼 없이 말한다. 말 한마디 하지 않고 밥만 먹는다. 밥을 다 먹으면 치운다. 남편이 출근한다고 다녀오겠다고 하며 나간다. 나는 평소에는 잘 다녀오라고 하겠지만 그냥 쳐다보기만 하고 보낸다. 그리고 남편이 퇴근하여 집에 오면 또 밥을 차려준다. 남편은 애들이 안 보이면 "애들은?"이라고 묻는다. 나는 "자."라고 하고, 밥을 그냥 먹는다. TV가 켜져 있으면 아무 생각 없이 TV만 본다. 밥을 다 먹으면 치운다. 함께 사는 재미가 없다. 우리 부모님의 훈련소와 무엇이 다른가.

완벽주의가 영혼에 상처를 남긴다. 아파트에 살 때 앞 동에 살던 부부의 이야기다. 그 집의 아내는 청소도 우리보다 깨끗하게 한다. 남편은 깔끔하기로 소문이 나 있다. 퇴근하여 문을 열고 들어오면서 바로 신발장

위를 손으로 찍어 본다. 여자가 집에서 청소도 안 한다고 하면서 청소를 한단다. 수년을 그렇게 살다 보니 남편이 집에 올 시간만 되면 불안하단다. 나름대로 청소를 깨끗이 하는데도 남편의 성에는 차지 않는단다. 남편이 무섭단다. 통상적인 말 외에 할 말을 하지 못하고 산단다.

나중에 들으니 그 아내가 심장병에 걸렸다고 한다. 남편이 교회를 다니면서 집에서 하던 일을 교회에서 한단다. 집에서는 그전처럼 깔끔하게 하지 않는단다. 이미 아내는 너무 힘들게 살아서 병이 들었다고 한다. 위중한 상태라고 들었다. 완벽주의는 이렇게 영혼에 상처를 입힌다. 영혼이 상처를 입으면 우리 몸도 병이 든다. 완벽주의자를 만난 아내는 그저 영혼 없는 말만 하며 산다고 하였다.

영혼의 에너지가 고갈될 수도 있다. 영혼의 에너지가 고갈되면 영혼 없는 말만 오고 가는 사이가 된다. 영혼의 에너지는 사랑과 자비의 덩어리다. 사랑과 자비가 없으면 영혼의 에너지가 고갈된다. 사랑과 자비의 잔고를 확인해야 할 것이다. 수시로 점검해서 채워야 한다. 에너지가 고갈되는 원인도 파악해서 제거해야 한다.

요즈음은 남녀노소 할 것 없이 스마트폰을 끼고 산다. 스마트폰 시대, 에너지가 고갈되기 쉽다. 사람을 만나도 각자 휴대폰만 두드린다. 에너지가 고갈되었다는 위기의 신호를 보내도 감지를 못한다. 에너지를 어떻게 채워야 할지도 모른다. 에너지가 고갈되면 사랑이 메마르고 자비심도 바닥이 난다. 오직 나의 이기적인 사랑과 자비만 있을 뿐이다.

부부 간에도 마찬가지이다. 남편은 바쁘고 아내는 아이들을 키우느라 힘들다. 사랑을 나눌 시간이 없다. 상대에게 자비를 베풀 여유는 더욱 없다. 사랑은 서로의 관심에서 시작된다. 아내가 무엇으로 힘들어하는지 모른다. 남편이 직장에서 어떤 어려움이 있는지도 모른다. 한 공간에 있어도 스마트폰으로 각자의 관심사에 집중한다. 요즈음에는 유튜브에 집중한다. 부부의 훈련소에는 그저 영혼 없는 말만 오고 간다.

우리 부부에게도 에너지의 고갈이 있었다. 새롭게 꾸민 우리 부부의 훈련소에도 에너지 고갈이 왔었다. 스마트폰 시대에 폰을 구입할 시기에는 가능하면 최신 폰으로 구매한다. 사업을 위한 목적이기는 하다. 카메라 성능이 좋은 폰으로 사진을 찍는 재미가 있다. 아니 사진을 꼭 찍어야 한다. 인터넷으로 전자상거래를 하는 우리에게는 사진이 필요하기 때문이다.

밥을 먹어도 사진 먼저 찍는다. 홈페이지나 블로그, SNS에 올리려는 것이다. 부부가 같은 목적을 가지면 그래도 괜찮다. 그런데 나 혼자 북치고 장구를 쳐왔다. 사진을 먼저 찍으면 남편은 밥 좀 먹자고 한다. 남편에게 에너지의 고갈을 초래한다. 나는 이에 대해 자비를 베풀지도 않는다. 이해를 못 하는 남편이 서운하다. 카톡이나 문자 또한 에너지 고갈의 원인이 된다. 수시로 울려대는 알림 소리로 영혼은 당장에 신음한다. 폰을 보지 않으면 불안하다. 자주 오는 알림 소리는 짜증이 난다. 모두 무음 처리를 할 수도 없다. 사업에 관련된 것을 바로 확인해야 하기 때문이다.

영혼 없는 말이 오고 가는 사이, 불안과 우울증을 동반할 수도 있다. 새롭게 꾸민 우리 부부의 훈련소도 늘 관리를 해야 한다. 비인격적으로 영혼에 남긴 상처가 될 말들이 오고 간다면, 영혼은 계속 신음하게 될 것이다. 또한 완벽주의로 훈련 장소를 관리하여 상대를 억압한다면, 영혼은 더욱 신음할 것이다. 사랑과 자비의 에너지가 고갈된 상태가 계속되면 영혼은 화를 낼 것이다. 영혼은 곧 인격이다. 영혼을 인격적으로 대하지 않으면 위기의 신호가 계속 켜질 것이다. 비인격적인 상처를 입은 영혼은 지친다. 앞으로도 영혼 없이 말만 오고 가는 사이를 원하는가? 영혼 없는 말이 오고 가는 사이가 계속되면 불안과 우울증이 생길 수 있다는 걸 명심하라.

영혼 없이 말만 오고 가는 사이 방치하지 마라. 영혼 없이 말만 오고 가는 사이를 원하는가? 영혼이 담긴 말을 하는 사이가 되기를 원하는가? 영혼 없이 말만 오고 가는 사이가 되기를 원하는 사람은 없을 것이다. 영혼은 곧 인격이다. 인격에 상처를 입히면 영혼이 아프다. 비인격적인 말은 영혼에 상처를 남긴다. 우리 부부도 영혼이 없는 말들만 오고 가는 사이가 될 때가 있었다. 완벽주의도 영혼에 상처를 남긴다. 영혼의 에너지가 고갈될 수 있다. 영혼의 에너지가 고갈되면 영혼 없는 말만 오고 가는 사이가 된다. 우리 부부에게도 에너지 고갈이 왔었다. 영혼은 곧 인격이다. 영혼을 인격적으로 대하지 않으면 위기의 신호는 계속 켜져 있을 것이다.

6

왜 대화하면 할수록 멀어질까?

당신 부부는 대화를 어떻게 하나요? 핵가족 훈련소를 차린 후 부부, 대화를 어떻게 하나요? 가정의 자녀들을 잘 길러내고자 하는 모든 부부의 대화를 살펴볼 필요가 있다. 우리 부부가 대화할수록 점점 더 멀어지는 이유가 무엇일까? 대화하다 보니 비로소 보이는 것들이 있다. 서로가 자기주장을 하면서 자기 의견만 받아들여지길 바라는 것이었다.

또한 서로의 말을 가로막는다. 서로 대화를 잘 하고 있는지 돌아봐야 할 것이다. 우리 부부의 말 중에 어떤 말이 서로 점점 멀어지게 하는지 살펴보아야 할 것이다. 대화가 잘되는 부부와 다른 우리 부부의 대화를 한번 엿볼 필요도 있겠다. 점점 더 멀어지는 대화를 하고 있다면 바꾸어보자. 부부 간에 가까워지기 위한 노력은 계속해야 할 것이다. 그렇지 않으면 점점 더 멀어진다. 새롭게 마련한 가정 훈련소를 잘 운영하려면 함께 노력해야 할 것이다.

대화하다 보니 비로소 보이는 것들이 있었다. 우리 부부의 훈련소에 활기가 없다. 우리 부부에게는 점점 멀어지는 대화만 있을 뿐이다. 우리 부부를 점점 멀어지게 하는 대화, 자기주장만을 내세우고 있었다. 상대의 말을 가로막는 대화를 하고 있었다. 각자 자기주장만을 내세우면 끝이 보이지 않는다. 서로 상대의 말을 가로막으면 대화를 이어갈 수 없다.

예를 들면 뉴스가 나와서 같이 본다고 하자. 한 사람은 이 방송 뉴스를 보자고 하고, 한 사람은 다른 방송의 뉴스를 보자고 한다고 해보자. 대개는 둘이 타협하지 않고 목소리 큰 사람이 원하는 것을 보게 된다. 목소리 큰 사람은 남자다. 남자한테 눌려서 자기가 원하는 방송을 보지 못하는 여자의 마음은 어떨까. 서로의 주장이 강한 대화는 사이를 멀어지게 할 수밖에 없다.

또한, 자녀 교육 문제를 상의한다고 해보자. 자기의 의견을 말하는데 서로 가로막는다면 대화가 되겠는가? 우리는 흔히 이런 대화를 한다. 서로가 내가 원하는 방식을 받아들이라고 한다. 서로 간에 상대의 의견을 가로막으면 대화가 되겠는가. 부부 간에 보는 시각이 다르고, 생각하는 것이 다르다. 내가 보는 것이 다르고, 남편이 보는 것이 다르다. 이럴 때 각기 자기가 보는 것이 옳다고 한다. 상대의 의견을 가로막는 대화는 옳지 않다. 점점 이전투구가 벌어져 대화는 점점 멀어진다.

자기주장만 내세우는 대화가 장벽이었다. 나도 남편도 주장이 강하다. 예전의 나는 주장을 잘하지 못했다. 지금도 그렇게 살기를 바라는가. 나도 이제 내 의견을 말한다. 남편은 아직도 아내는 순종해야 한다는 생각을 하는 것 같다. 나는 정치적인 식견도 없는 사람이라고 여긴다. 사회에서 단체생활을 해보았던 나는 이미 언론의 흐름을 파악하고 있다. 그들이 어느 편에서 기사를 내는지도 가늠한다. 내가 보기에는 남편이 단편적이다. 일방적으로 들려주는 기사를 흡수한다. 시도 때도 없이 TV를 틀어놓는다. 요즈음 볼 만한 뉴스가 있나? 거실에 크게 틀어놓고 보기 싫으면 보지 말라고 한다. 귀에 들려오는데 어찌 그런 말을 해? 우리의 대화는 점점 멀어진다.

상대의 말을 가로막는 대화, 점점 멀어진다. 우리 부부의 대화에는 또 다른 문제가 있었다. 서로의 말을 가로막는 것이었다. 우리는 말을 하다가 상대가 듣기 싫은 소리를 하면 서로 귀를 막는다. 자기가 말하는 것을 막으면 좋은 사람이 어디 있겠는가. 그때부터 대화가 아니고 언쟁이 된다. 나도 이제 양보를 하지 않는다. 예전에 세탁기를 잡고 울던 새댁이 아니다. 숙맥이 아니란 말이다. 마음속에서 이런저런 말들이 용솟음친다. 남편도 질세라 나의 말을 더욱 가로막는다. 나하고 말을 못 하겠단다. 내가 먼저 화를 낸단다. 대화가 안 된다고 한다. 나도 지지 않는다. 이제는 하고 싶은 말을 한다. 남편이 놀라는 것일까? 서로 양보를 하지 않으면서 대화는 점점 멀어진다. 우리의 대화는 긴장되어 팽팽하다.

또 우리의 대화를 점점 멀어지게 하는 말투가 있다. 남편은 내가 무슨 말을 하면 '그게 아니고'로 말을 시작한다. 상대의 말을 먼저 부정하고 자기 말을 한다. 꼭 그게 아닌 것이 아닌데도 습관적으로 하는 말이다. 마음의 여유가 있거나 기분이 나쁘지 않을 때는 그대로 넘어간다. 하지만 그 반대일 때는 언쟁 거리가 된다. 나는 상대의 말에 '그게 아니고'라고 하는 것은 상대의 말을 부정하는 말이라고 말해준다. 그러면 거기서 언쟁이 붙어 대화가 점점 더 어려워진다.

부부 간의 대화, 나는 잘하고 있는가. 긴장이 풀리면 잠시 부부 간의 대화를 돌아본다. 우리 부부의 대화 습관은 어떤가? 나는 대화를 잘하고 있는가? 우리가 이런 수준밖에 안 되는가. 한심하기 짝이 없다. 말하는 기술이 부족함을 느낀다. 남편도 나도 마찬가지일 것이다. 부부는 나이 차이가 아무리 많이 나도 대등한 관계다. 대등함을 무기로 서로 지지 않으려고 하는 것 같다. 남편은 주로 밖에서 직장생활만 하였다. 사회봉사 활동 같은 것은 일절 해보지 않았다. 남편은 직장생활의 직업적인 언어를 가정에 사용한다. 나는 그에 대한 거부 반응이 있다. 사회봉사 차원의 일을 했던 사람으로서 언어의 차이를 느낀다. 서로 대화 기술의 부족함도 느껴진다. 서로의 의견을 존중하지도 않는다.

나는 전업주부로 살면서 주로 집에서 아이들과 생활하였지만, 다양한 분야의 사람들과 어울렸다. 이웃집 사람들과 어울리기도 했지만 교회 사람들과도 어울렸다. 문학 공부를 하면서 문학인들과 어울려보기도 했다. 사회단체 일을 하면서 사회봉사 단체 사람들과 어울려도 보았다. 전국참교육학부모회와 생명평화결사, 아이건강연대, 새마을부녀회, 문경오미자정보화마을, 한국농식품CEO연합회, 한국정보화농업인, 한국농어촌민박협회 등.

우리 부부의 대화, 나를 인정해달라는 뜻. 남편은 자기가 한 것을 자랑하는 면이 많다. 힘든 일을 하면 자기만 힘들다고 말한다. 하긴 내가 건강하다 보니 나를 걱정할 일은 없겠다. 아직도 가부장적 사고가 가득한 사람의 처사로는 비위가 상한다. 남들에게도 당당히 말한다. 내가 이런 일을 해보지 않았는데 해냈다고 한다. 자기 홍보 시대라고는 하지만 가장이라면 아내를 먼저 걱정해야 하지 않나. 남편이 자기 자랑하는 것이 이해가 가지 않는다. 자기만을 인정해달라는 것이.

남편은 자기가 시켜서 하는 일은 신이 나서 한다. 하지만 내가 뭐 좀 하자고 하면 단번에 그러자고 하는 것은 극히 드물다. 나는 늘 자기의 지시만 받고 따르는 존재여야 한다. 내가 중심이 되어 일할 때 시키면 싫어한다. 자기가 나를 시키며 하는 일은 신나게 한다. 내가 무언가를 하려고 동작을 취할 때도 시킨다. 달리는 말에 채찍질을 하지 말라고 한다. 하고 있는데 시키는 것도 이해가 가지 않는다. 말이나 언어 습관이 잘 들어야 한다. 몸에 밴 습관도 무섭지만 습관으로 밴 말은 더 무섭다.

대화를 잘하는 부부, 대화를 못하는 부부. 우리 부부의 핵가족 훈련소를 잘 운영하고 싶은가? 그러면 대화를 잘하는 부부의 말을 참고할 필요가 있겠다. 대화를 잘하는 부부는 서로의 의견을 존중한다. 서로 인정해주고 하는 일을 지지해준다. 서로 칭찬을 잘한다. 서로 존칭어도 쓴다.

우리 부부는 서로 존중하지 않고 인정해주지도 않는다. 내 주장만 강하게 피력한다. 서로 하는 일을 지지해주지도 않는다. 칭찬보다는 지적을 많이 한다. 지시를 많이 한다. 존칭어는 물론 쓰지 않는다. 대화하는 것이 아니다. 언쟁이다. 그러니 대화는 안 되고, 이로 인하여 부부 사이는 더 소원해진다.

대화하면 할수록 멀어지는 이유가 있다. 우리 부부가 대화하다 보니 비로소 보이는 것들이 있었다. 서로 자기주장이 상당히 강한 것이 보였다. 서로 상대의 말을 막는다는 것도 알게 되었다. 부부 간의 대화를 잘하고 있는지를 돌아보았다. 우리 부부는 서로 인정해달라는 의미를 많이 담고 있었다. 대화를 잘하는 부부와 비교를 해보니 부끄러웠다. 서로 존중해주지 않았다. 칭찬보다는 지적이나 지시를 습관적으로 하였다. 점점 더 멀어질 수밖에 없는 대화를 하고 있었다. 부부의 대화법을 바꾸지 않으면 더 멀어질 것이다.

7

부부가 서로 복장 터지는 이유

사람들은 왜 복장이 터질까? 새롭게 꾸민 부부의 훈련소에서 복장이 터지면 어떻게 될까? 복장은 내 생각의 창고에 숨어 있다. 숨어 있다가 들키면 밖으로 나온다. 밖으로 나왔을 때는 복장이 터지고 만다. 복장이 터지지 않게 해야 한다. 복장이 터지기 전의 징조를 알아차려서 제거해야 한다. 복장이 터지는 이유는 속에 있는 생각들이 참다 참다 폭발을 하는 것이다. 억울한 일을 당했을 때나 억장이 무너지는 일을 당할 때, 하고 싶은 말을 못 할 때 일어난다고 한다. 억울한 일을 당하는 일은 분명히 말을 했는데 하지 않았다고 우길 때 일어난다. 억장이 무너지는 일은 자신이 하지 않았는데도 했다고 우길 때 일어난다. 하고 싶은 말을 못 할 때는 내 의향대로 무엇인가 되지 않을 때 일어난다. 이런 이유로 복장이 터진다고 한다. 부부의 문제에서도 똑같다. 복장이 터지기 전에 이런 생각을 해결하는 것이 우선이 아닐지.

복장은 언제 터지는가? 우리 부부는 가정 훈련소를 잘 관리해야 한다. 속에 품은 생각들이 폭발할 수도 있다. 속으로만 품고 있었던 생각들이 절제력을 잃지 않게 해야 한다. 억울한 일을 만들지 않아야 한다. 억장이 무너지지 않게 해야 한다. 서로 하고 싶은 일을 하게 해야 한다. 이 모든 일을 방치하면 언제고 복장이 터진다. 새롭게 꾸민 우리 부부의 가정 훈련소, 복장이 언제 터질지 모른다. 복장이 터지기 전에 한번 점검해보면 좋겠다. 언제 복장이 터지는가?

- 서로 의견이 상충되어 해결이 안 될 때
- 진퇴양난일 때
- 서로의 주장이 팽팽할 때
- 배우자에게 의견을 무시당할 때
- 자기주장이 옳다는 말만 할 때
- 힘든 것을 거들어주지 않을 때
- 우격다짐으로 밀어붙일 때
- 억울한 일을 당할 때
- 자기가 원하는 일을 할 수 없을 때

- 염장을 지를 때

염장을 지르면 복장이 터진다. 새롭게 꾸민 우리 부부의 훈련소에 복장이 터지는 일이 있었다. 남편은 한 번씩 염장을 지른다. 염장을 지르면 정말 복장이 터진다. 매출이 저조하면 집어치우라고 한다. 벌여놓은 일을 그만둘 수 없는 걸 알면서도 염장을 지른다.

우리는 문경으로 전원생활을 하러 들어갔다가 농업인이 되었다. 있는 돈 다 털어 황토집을 구하였다. 들어온 이듬해부터 4대강 사업이 시작되었다. 4대강 사업은 대기업 중심 사업으로 진행되었다. 지방의 중소기업에는 공사가 없었다. 중소기업에 다니던 남편에게 당장에 일거리가 없어졌다. 4대강 사업을 주도한 사람이 원망스러웠다. 그렇다고 마냥 원망만 할 수는 없는 일이었다.

우리 둘은 서로 노후 준비를 하자고 하였다. 만약에 누구라도 먼저 혼자가 되었을 경우를 대비하자고 하였다. 나는 전업주부로 살아 경제활동을 한 지 오래되었으니, 경제활동을 해보기로 하였다. 남편은 가사 일을 해보지 않았으니 가사 일을 해보자고 하였다. 나는 경제활동을 열심히 하였다. 하지만 남편은 서로 약속했던 것을 지키지 않는 것 같았다. 무엇이든지 약속을 하면 잘 지키는 사람이라 이상해서 물었다. 남편은 그런 약속을 한 적이 없다고 했다. 나만 혼자서 곶감을 만들어서 판매하고, 펜션 운영하는 일을 열심히 한 것이다.

인터넷 판매를 위한 정보화 교육을 받으며 열심히도 했다. 홈페이지도 만들고, 블로그도 만들어서 운영하였다. 페이스북과 카카오스토리 등 SNS로 홍보도 열심히 하였다. 곶감 건조를 위해 건조장과 저장고, 작업장 등의 시설도 갖추었다. 정보화 마을이라는 곳에서 판매가 잘되었다. 하지만 2년이 지나니 판매가 저조하였다. 장기전으로 가야 할 상황을 대비해야 했다.

그때 남편은 한마디 한다. 팔리지도 않는데 집어치우라고 했다. 저장고에 쌓여 있는 것이나 팔고 말라고 했다. 그걸 팔려면 얼마라도 만들어야 하는데 말이 통하지 않았다. 복장이 터졌다. 가슴을 얼마나 쳐댔는지 모른다. 화가 나고 짜증이 났다.

교육을 못 받게 할 때, 복장이 터진다. 전자상거래로 판매를 하는 발효 곶감과 펜션을 홍보하기 위한 교육을 많이 받으러 다녔다. 교육을 다니지 않고는 상품에 대한 흐름 파악은 물론 상품의 가치를 높이지도 못한다. 홍보하기도 어렵다. 당장에 도움이 안 되어도 가능성이 보이면 다녔다. 남편은 교육의 효과도 없는데 쓸데없는 짓 한다고 못 가게 했다. 어떤 때는 숙박하면서 받는 때도 있다. 그럴 때는 눈치를 보고 간신히 말을 한다. 집안에 청소가 안 되었다 싶으면 꼬투리를 잡고 이렇게 집은 엉망인데 어디를 가느냐고 막는 경우가 많았다. 반찬을 미리 만들어놓고 밥도 해놓고 가겠다고 해도 못 가게 했다.

나는 늘 새벽 2시경부터 하루를 시작한다. 홈페이지 및 블로그 관리를 한다. SNS를 종횡무진 누빈다. 전자상거래를 하는 사업은 1년 365일 관리를 해주지 않으면 안 된다. 곶감 만드는 것은 일정이 지나면 끝나지만, 인터넷으로 늘 관리를 해주어야 한다. 남편은 내가 하는 눈에 보이지 않는 일을 하찮게 여긴다. 몸을 움직여서 하는 일만 일로 여긴다. 자기가 무엇을 하고자 할 때 조금만 늦게 나가도 화를 낸다. 참말로 복장이 터지는 때가 한두 번이 아니다.

복장이 터질 때는 소리가 난다.

화나는 소리가 난다.
가슴을 치는 소리가 난다.
울화가 치미는 소리가 난다.
울부짖는 소리가 난다.
땅을 치는 소리가 난다.

머리를 처박는 소리가 난다.

단체 활동을 하지 못하게 하면 복장이 터진다. 아이들이 자라서 학교에 다니면서 조금의 여유가 생겼다. 단체 활동을 하고 싶었다. 나는 돈 버는 일보다 봉사활동을 하는 것에 흥미가 있다. 남편은 그런 일은 필요 없는 일이라고 못 하게 한다. 막는다고 못 할까. 몰래 활동했다. 이 단체 활동을 못 하게 하면 그만두고 다른 활동을 했다. 문경으로 이사 오기 전에는 참교육학부모 활동을 비롯하여 생명평화결사, 아이건강연대 일을 하였다. 문경으로 이사 와서는 농업 관련 활동을 하였다. 정보화농업인 단체 활동을 시작으로 문경오미자 정보화마을, 새마을부녀회, 한국농식품여성CEO연합회, 한국농어촌민박협회 활동을 했고, 현재도 하고 있다. 남편은 돈을 버는 게 아닌 쓰는 일로 바쁜 나를 이해하지 못했다. 사회가 어디 돈 버는 일로만 돌아가는가. 단체 활동을 못 하게 하면 정말 복장이 터진다.

복장이 터지면 마음에 상처가 남는다. 새롭게 꾸민 가정 훈련소에는 복장 터지는 일이 없어야 한다. 복장이 터지면 상처가 남는다. 속으로 품고 있는 생각들이 터지지 않게 해야 한다. 나는 산에 갈 때 멧돼지 등의 기척을 알려주는 개를 데리고 간다. 산에 갔다 오면 진드기가 꼭 붙어온다. 갔다 와서 바로 잡아주면 개가 긁지 않는데 2~3일 방치하면 긁는다.

긁는 곳을 헤쳐보면 진드기가 피를 빨아 먹고 있다. 많이 먹은 진드기 배가 불뚝해진다. 그것을 잡아주지 않으면 터져버린다. 터질 때까지 잡아주지 않으면 상처가 생긴다. 터진 곳을 보면 상처가 남아 있다.

복장이 터지는 이유가 무엇일까? 복장이 터지는 이유는 자기의 생각과 일치하지 않는 일들 때문이다. 속에 숨어 있던 생각들이 참다 참다 폭발을 하는 것이다. 억울한 일을 당했을 때나 염장을 지를 때, 하고 싶은 말을 못 할 때 일어난다. 나는 접을 수도 없는 일을 접으라고 하거나 필요한 교육을 못 받게 할 때, 하고 싶은 단체 활동을 하지 못하게 하면 복장이 터진다. 복장이 터질 때는 소리가 난다. 복장이 터지면 마음에 상처가 남는다. 새롭게 꾸민 핵가족 훈련소에 복장이 터지지 않게 해야 한다. 복장이 터지면 부부생활에 문제가 생긴다.

8

밥만 하는 여자로 살아야 하는가?

여자들이 밥만 하는 이유가 궁금하다. 여자들은 밥만 하러 세상에 온 것 같다. 우리 부부가 차린 훈련소, 여자는 가끔 이탈한다. 한창 여자들이 운전을 배우기 시작할 때의 일이다. 차가 밀리면 남자들이 유행처럼 하는 말이 있었다. '집에 가서 밥이나 하라. 여자들이 왜 차를 몰고 밖으로 나와서 도로를 정체시키나?' 그 시절이나 지금이나 여자에 대한 인식이 크게 변한 것 같지 않다. 집에서 전업주부로 사는 여자들은 바깥에 나오지 않아야 한다는 말이다. 여자는 밥만 하며 살아야 한다는 말이다. '전업주부가 어디 밥만 해서 될 일이냐'는 말이다. 자식 농사를 잘 지어보고자 전업주부를 택한 여자들을 모욕하는 사회다. 나는 전업주부로서 밥을 해주면서 아이들을 잘 키워냈다. 그 아이들이 사회구성원이 되어 한 역할을 한다. 우리는 아마도 밥에 속고 있는지도 모른다. 밥에 대한 잘못된 상식들로 여자의 가치를 낮추고 있다. 여자들은 밥만 하며 살라는 말인가?

당신은 밥에 속고 있다. 남이 해준 밥은 다 맛있다고 하는 여자들이 많다. 여자들의 바람은 밥에서 해방되는 것이다. 여자들은 밥으로 인간의 생명줄을 좌지우지한다. 밥을 하는 여자들은 밥을 하는 자신의 손이 귀한 줄을 모른다. 이제까지 사회적인 분위기가 그러했다. 만약에 밥에 대한 가치가 높았다면 그런 말을 하지 않았을 것이다. 밥에 대한 가치를 높여야 한다. 남이 해준 밥이 맛있다는 말을 하는 여자들의 말이, 매일 하는 일에서 해방되고 싶어서 하는 말이기를 바란다.

나는 내가 하는 밥이 최고로 맛있다. 밖에서 먹는 밥이 아무리 맛있어도 내 손으로 만드는 밥과 비교할 수 없다. 영양의 가치로 보나 건강에 미치는 영향으로 보아도, 내가 하는 밥을 따라올 밥은 없다. 내가 해 먹는 것이 제일 맛있는데 다른 사람들도 밥을 하기 바라는가? 각자도생을 위해 해야 한다고 생각한다. 바쁠 때 일손을 나누자는 것이다. 일을 함께 하자는 의미이다. 밥하는 여자가 싫어서 그런 것이 아니다. 밥은 누구나 먹고살아야 하지 않나. 누구에게 필요한 밥, 그것을 하는 여자들에 대한 가치를 높여야 한다. 밥에 대한 잘못된 상식들을 바로잡아야 한다고 생각한다. 당신은 밥에 속고 있다.

반평생 밥에 매여 살아왔다. 나는 아이들에게 밥을 해서 먹이는 기쁨을 누렸다. 밥을 짓기 싫을 때도 있었다. 밥만 하는 여자로만 여김을 받는 것도 싫었다. 밥에 구속되어 외출을 제한받는 것이 싫었다. 밥에 자유를 빼앗긴다는 사실이 더욱 싫었다. 밥만 없다면 가고 싶은 곳을 맘대로 갈 수 있다고 생각했다.

남편은 내가 어디 좀 가겠다고 하면, 밥은 어떻게 하느냐며 막았다. 자기의 할 일을 하지 않고 다닌다며 압력을 가했다. 지금도 그 생각만 하면 가슴이 답답해진다. 남편에게 밥이 얼마나 중요했으면 그럴까? 가까운 곳에 외출해도 밥을 꼭 차려놓고 가라고 했다. 밥을 차려 먹을 줄도 몰랐다. 누가 이 남자를 이렇게 만들었는가? 밥으로 여자를 구속하라고. 우리 사회가 여자를 밥에 매어놓았다. 밥해주는 며느리, 밥해주는 엄마, 밥해주는 아내, 그러면서 왜 여자를 얕보는 건가.

나는 건강 관리를 하면서 밥에 대한 중요성을 알았다. 내가 만들어 먹은 밥이 최고라는 것도 더불어 알게 되었다. 밥은 사람의 생명을 살리기도 하고 죽이기도 한다. 또한 건강도 좌지우지한다. 밥의 소중함을 알았다. 그러면서 그 소중한 밥을 하는 나의 존재도 귀하게 여기게 되었다.

이제는 밥하는 여자가 싫지는 않다. 남편이 밥도 할 줄 알기 때문이다.

생명줄인 밥을 여자에게만 맡기지 마라. 같이 누리고 같이 살려면 밥을 같이 해 먹어야 한다. 이 사회는 이상하다. 여자에게만 밥하는 의무를 지운다. 여자를 밥에 묶어놓고 아무 일도 못 하게 한다. 맞벌이 시대에도 밥은 여자의 몫이다. 남자가 밥을 하면 도와준다고 생각한다. 같이하는 것이 되어야 한다. 여자는 어느 곳에 가든지 부엌으로 들어간다. 우리는 각자 생존을 위하여 일한다. 여자도 원하는 일을 하면서 살고 싶다.

밥하는 방법도 많이 달라졌다. 나는 6·25 직후 태어나 밥을 해왔다. 시골에서는 불을 때서 가마솥에 밥을 했다. 직장생활을 할 때는 냄비를 석유풍로에 앉혀 밥을 했다. 알루미늄 솥을 연탄가스 불에 얹어 밥을 하는 때도 있었다. 압력솥이 나오고 가스로 밥을 하는 시대도 있었다. 이제는 전기압력솥에 넣기만 하면 밥을 해준다. 밥이 다 되면 알려주는 시대가 되었다. 최근에는 밥 공장에서 나온 햇반을 사서 전자레인지에 데워 먹는다. 불에 짓는 밥에는 구수함이 있다. 누룽지가 있다. 숭늉을 만들어 먹을 수 있다.

매일매일 하는 밥도 다르게 될 때가 있다. 어떤 때는 잘되다가도 어떤 때는 탈 때가 있다. 때로는 설게도 된다. 어떤 때는 되게 될 때도 있다.

질게 될 때가 있다. 맛있게 될 때가 있고, 맛없게 될 때도 있다. 밥하기도 쉬운데 밥을 여자에게만 맡기지 마라.

사람은 꼭 세끼를 먹어야 한다? 밥에 대한 잘못된 상식이 건강을 해친다. 아이들이 자라는 성장기에는 세끼를 꼬박 지어서 먹여야 한다. 성인은 밥을 세끼 꼭 먹어야 할 이유가 없다. 건강 관리를 하면서 삼시 세끼를 먹은 것이 건강을 해쳤다는 것을 알았다. 백미밥과 현미밥의 영양가가 다르다는 것을 알았다. 물론 백미밥과 현미밥이 건강에 미치는 차이도 알았다. 아이들이 성장기에는 세끼는 물론 간식까지 먹어야 한다.

하지만 성장이 멈춘 후에는 두 끼만 먹어도 된다. 오염원이 가득한 시대에는 배설을 잘해야 한다. 세포가 노화된 몸은 삼시 세끼의 부산물들을 처리하기에 벅차한다. 하루 두 끼를 먹어도 가끔 비우기를 해주어야 우리 몸이 유지가 된다. 하루빨리 삼시 세끼에서 해방되는 시대가 왔으면 좋겠다.

나는 『결혼생활 행복하세요?』란 제목으로 책을 쓰는 동안에는 한 끼만 먹는다. 집중해야 할 일이 있을 때는 몸의 가동률을 줄여줘야 하기 때문이다. 일을 많이 하면 많이 먹어야 한다? 이는 몸을 망치기로 작정한 경우라고 할 수 있다. 나는 17년째 건강 관리를 하면서 두 끼만 먹고도 건강하게 산다. 건강 관리를 시작한 이후 병원 한 번 가지 않고 소화제나 감기약 등을 먹어본 일이 없다. 건강하게 사는 경험자의 말이니 귀담아 들어도 좋을 듯하다. 밥벌이하는 의사들 이야기만 듣지 말기 바란다. 산에 오를 때, 밥을 먹지 않고 오르면 더 잘 올라간다.

밥하는 사람이 꼭 따로 있어야 하는가? 나는 딸과 아들에게 어릴 적부터 밥 짓는 법을 가르쳤다. 사람은 누구나 자기 밥은 자기가 할 줄 알아야 한다고 생각한다. 이제는 남편도 밥을 한다. 우리는 누구라도 밥을 한다. 지난해에 나는 모처럼 밥을 할 수 없었다. 추석 무렵에 버섯을 채취하러 하루에 두 번씩 산에 올랐는데 몸에 무리가 갔었나 보다. 우리 집은 제사를 지내지 않는다. 추석이라 해도 거창하게 차리지 않는다. 그때그때 먹고 싶은 것을 해먹는다. 그런데 당시에는 아무것도 할 수 없었다. 남편과 딸과 아들이 합동하여 밥을 해주었다. 가족의 누구라도 밥을 할 수 있다는 것을 멋지게 보여주었다. 밥하는 사람이 꼭 따로 정해져야 하는가?

곶감 작업을 할 때는 남편이 점심을 한다. 그때는 내가 할 일이 더 많기 때문에 나보다 좀 여유가 있는 남편이 밥을 하는 것이다. 남편이 해주는 밥을 먹으면 좋다. 남이 해주는 밥이 맛있다는 여자들과는 다르다. 매일매일 밥을 하는 것에서 해방된 기쁨인 것이다.

밥은 인생이다. 밥 속에 우리의 인생이 들어 있다. 인생이 많은 시간과 노력으로 이루어지듯이 밥도 또한 그러하다. 우리 부부는 같이 밥을 지어야 한다. 자녀들도 밥을 짓도록 훈련을 시켜야 한다. 남자아이나 여자아이 모두 밥을 지을 수 있도록 가르쳐야 한다. 가족 모두 밥을 지을 수 있게 해야 한다. 밥을 짓다 보면 밥이 탈 때가 있고, 선밥이 될 때도 있다. 된밥이 될 때가 있는가 하면 진밥이 될 때도 있다. 맛있는 밥을 할 수 있을 때까지 훈련해야 한다. 쌀밥을 지을 수 있고 보리밥, 잡곡밥, 현미밥 취향대로 밥을 지어 먹을 수 있어야 한다.

밥하는 여자로만 살아야 하는가? 새롭게 꾸린 가정 훈련소는 밥을 짓는 법만 가르치는 곳이 아니다. 이제 더 이상 밥으로 여자를 묶지 마라. 여자가 어디 밥만 하러 세상에 왔는가? 당신은 밥에 속고 있다. 나는 반평생 밥에 매여 살았다. 모든 사람의 생명줄인 밥을 여자에게만 맡기지 마라. 자기 먹을 것은 자기가 만들어 먹어라. 며느리에게만 맡기지 마라. 아내에게만 맡기지 마라. 엄마에게만 맡기지 말자. 남자 여자 누구라도 밥을 하자. 여자도 인간이다. 밥에 매여야 할 이유가 없다. 여자도 하고 싶은 것이 있다. 우리 여자들도 이제 좀 하고 싶은 것을 하며 살자. 밥하는 여자로 매어놓으면, 가정도 사회도 건강하지 못할 것이다. 남자가 밥을 하는 것은 결코 여자를 도와주는 것이 아니다. 함께 살려고 하는 것이다. 밥은 인생이다.

3장

노력 없이 내 마음에
쏙 드는 배우자는 없다

1

부부 문제도 노력하면 해결할 수 있다

정말, 부부 문제 노력하면 해결할 수 있을까요? 대가족 제도에서의 부부 문제도 해결하였는데 요즈음 부부 문제를 해결하지 못할까? 요즈음 부부 문제는 부부의 노력 여하에 따라서 해결할 수 있다. 대가족 제도에서 일어나는 부부 문제는 핵가족 제도의 문제보다 더 어려울 수 있다. 대가족 제도에서는 부모님들이 관여하기 때문에 더 어려웠다. 핵가족 제도의 부부 문제는 부모님들의 관여가 덜하기 때문에 문제를 해결하기가 좀 더 쉽다고 생각한다. 자신들의 문제만 해결하면 되기에 더욱 쉽지 않을까. 각 시대마다 부부의 유형에 따라 문제도 다르다. 요즘 부부의 문제, 어떤 노력을 하느냐에 따라 해결할 수 있다. 대가족 제도에서는 상상도 할 수 없었던 문제가 요즈음 부부 문제에서 보인다. 요즈음 부부싸움의 문제를 한번 들여다보자. 가장 많은 싸움의 문제를 두 가지만 보자. 요즈음 부부들이 싸우는 1순위는 경제권에 대한 것이라고 한다. 2위로는 가사일 배분 문제라고 한다. 대가족 제도에서는 여자에게는 권한이 없었다. 오직 남자 중심, 남편에게 경제권이 있었던 것이다. 아내는 부모님 아래서 가사 일만 했다. 아내는 경제활동도 하지 않았으니 물론 권한도 없었다. 그렇게 사는 것이려니 하며 살아왔다. 여자도 사람인지라 언제까지 남편 그늘에서 살아야 하는가? 맞벌이를 하는 시대에 그 문제가 고개를 드는 것 같다. 요즈음 부부 문제, 노력에 따라 해결할 수 있다. 만약에 해결하지 않으면 더 큰 문제가 발생한다. 부부 문제를 해결해야 할 이유가 여기에 있다.

부부 문제, 제도에 따라 다르다. 대가족 제도(옛날 부부)와 핵가족 제도(요즈음 부부), 나름대로 문제가 존재한다. 요즘 부부 문제는 옛날 부부 문제와 많은 차이를 보인다. 요즈음 부부 문제는 부모님들의 관여가 많았던 옛날 부부와는 다르다. 예전에는 집안의 문제로까지 확대되어 해결하기가 쉽지 않았다. 요즈음 부부 문제는 좀 더 풀기가 쉽지 않을까 생각한다. 부모님들의 관여가 적어 당사자들끼리 문제를 해결하면 되니 말이다.

요즈음 부부싸움의 1위는 경제권 문제라고 한다. 2위는 가사일 배분 문제이고, 3위는 술 문제, 4위는 시댁이나 처가 문제, 5위는 육아 문제, 7위는 담배 문제, 8위는 귀가 시간 문제, 9위는 이성 문제, 10위는 도박 문제라고 한다. 1위의 경제권의 문제는 옛날 부부 문제에서는 등장하지 않았다. 2위의 가사일 배분 문제도 마찬가지다. 가사는 당연히 여자의 몫이었느니 문제가 되지 않았다. 3위 이하 술 문제와 육아 문제, 담배 문제, 처가와 시댁 문제, 귀가 시간 문제, 이성 문제, 도박 문제도 마찬가지다. 요즈음 부부의 문제는 여자의 지위가 얼마나 상승했는지 알 수 있는 지표가 된다. 가장 대두되는 문제가 경제권과 가사일 배분의 문제이다. 핵가족 부부 문제도 노력에 달려 있다고 볼 수 있다.

우리 부부 문제는 옛날 부부에서 요즈음 부부로 이동하는 과정의 문제였다. 대가족 제도에서 자란 우리 부부는 핵가족 제도로 바뀌어가는 중에 결혼했다. 핵가족 제도와 대가족 제도 사이에 결혼한 우리 부부의 사고방식은 대가족 제도의 사고방식에 가까웠다. 우리 부부가 결혼할 당시만 해도 굳이 맞벌이하지 않아도 되었다. 부부의 가치관에 따라 선택의 여지가 있었다. 남편 혼자 벌어서 가정경제가 돌아가던 시기였으니 말이다. 자식 농사를 최고로 삼기로 했다. 남편은 경제활동을 하고 나는 경제권을 맡아서 가사 일을 도맡기로 했다. 나는 다니던 직장을 접고 전업주부로 살기로 했다. 요즈음 부부보다는 경제적인 부담이 덜했으니 가능했던 일인 것이다.

요즈음 맞벌이 부부는 바쁘다. 대가족 제도에서의 부부는 남편의 부모만 섬기면 되었다. 그때는 아내는 3년 정도에 한 번씩 친정 부모님을 뵈러 가면 잘 간다고 하였다. 우리 시대는 좀 더 자주 찾아뵈어야 했다. 나는 시댁에 시부모님이 계시지 않고 형제들만 있어도 그렇게 했다.

부부 문제를 해결하지 않으면 어떤 일이 일어날까? 부부 문제뿐 아니라 어떤 문제든지 해결하지 않고 쌓이면 더 큰 문제로 발전한다. 더구나 부부 문제는 호미로 막을 수 있는 문제를 가래로 막을 수가 있는 것이다. 부부 문제, 작은 문제라도 꼭 해결해야 한다. 작은 문제를 해결하지 않으면 큰 문제가 된다. 문제를 해결하지 않으면 아래와 같은 일들이 일어날 수도 있다.

첫째, 부부가 미래를 향해 함께 갈 수 없다.
둘째, 부부 간에 공동 목표도 세울 수 없다.
셋째, 부부가 함께 의미 있는 일을 할 수도 없다.
넷째, 부부의 감정 계좌에 잔고가 없어진다.
다섯째, 부부가 서로의 편이 되어주지 못한다.
여섯째, 부부 간에 불화가 끊이지 않는다.

요즈음 부부 문제를 해결하려면 어떤 노력이 필요할까? 아파트에서 살 때 앞집의 신혼부부가 있었다. 그 젊은 부부를 보고 요즈음 부부들은 현명하다는 생각이 들었다. 그 부부도 역시 맞벌이를 했다. 남편과 아내는 서로가 아주 바쁘다고 했다. 바쁘게 사는 가운데 지혜로운 면들이 보였다. 서로 역할 분담을 잘하고 있었다. 아내는 요리를 잘하지 못하는데 남편이 요리를 잘한다고 하였다. 대신에 남편은 정리는 못 하는데 아내는 정리를 잘한다고 한다. 그 부부는 서로 잘하는 것으로 집안일을 분담하기로 했다고 한다. 남편은 요리를 잘하니 식사를 맡아 한다고 하였다. 정리를 잘하는 아내는 설거지와 집 청소를 맡아서 한다고 하였다.

남자는 부엌에 들어가면 안 되었던 대가족 제도의 틀을 깨고 사는 것이었다. 경제권도 지혜롭게 하고 있었다. 공동카드를 만들어 공동 지출은 그 카드로 사용한다. 시댁이나 친정이나 공동으로 발생하는 경비는 그 통장으로 지출을 한다는 것이다. 그러니까 공동경비와 개인경비를 별도로 운영하는 것이었다. 요즈음에는 이런 부부들이 많다고 들었다. 어떤 노력을 하여야 할지는 시대에 따라 다른 지혜를 구해야 한다. 형편에 따라 부부가 머리를 맞대어 찾아야 한다.

어느 제도나 문제는 다 있다. 대가족 제도나 핵가족 제도나 문제는 다 있지 않은가. 요즈음도 3대가 함께 사는 대가족 제도가 있기도 하다. 대부분이 핵가족 제도로 사는 요즈음, 부부 문제는 반드시 존재한다. 인간은 어쩌면 문제를 해결하러 온 것이 아닌가 하는 생각이 들 때도 있다. 문제는 풀라고 있는 것이다. 부부 문제, 노력한다고 해결될까? 걱정할 것 없다. 노력해볼 의지가 있다면 해결할 수 있다. 핵가족화되면서 부부 간의 문제가 더 어렵게 느껴질 수 있겠지만 대가족 제도를 보고 문제를 풀기를 바란다. 대가족 제도를 바라보는 남자와 여자의 관점이 다를 수도 있다. 조금만 더 마음을 넓혀보자.

우리 부부는 대가족 제도로 살고 싶은가? 핵가족 제도로 살고 싶은가? 남자는 대가족 제도가 왜 핵가족 제도로 바뀌었는지 살펴볼 일이다. 여자의 인권이 멸시받던 시대, 여자들이 원하던 경제권이나 가사 문제 등을 고려해보자.

남자는 대가족 제도 사고의 유전자를 가지고 있다. 여자는 지위 향상을 꿈꾼다. 점차로 한 걸음씩 나아가보자. 어떤 일이든 한 번에 되는 일이 있던가. 어떤 제도도 완벽할 수 없다. 하나씩 이루어가는 지혜가 필요하다.

공동체를 이루고 사는 곳에는 역할 분담이 필요하다. 대가족 제도에서는 아내에게 많은 역할을 줬다. 핵가족 제도에서도 역할이 더 많아졌다고 볼 수 있다. 하지만 친정 부모님을 챙기지 못하여 애타던 마음이 핵가족 제도에서 실현되고 있다. 경제권을 갖고 싶었던 소원이 맞벌이하면서 이루어졌다. 과거와 현재를 잘 아울러 지혜로운 부부의 삶으로 승화시켜 보자. 부부가 함께 노력하면 부부 문제는 해결할 수 있다.

부부 문제, 노력하면 해결할 수 있다. 부부 문제는 제도에 따라 다르다. 부부 문제를 해결하지 않으면 어떤 일이 일어날까? 어느 제도나 문제는 다 있다. 대가족 제도로 살고 싶은가? 핵가족 제도로 살고 싶은가? 핵가족 제도의 부부 문제가 더 해결하기 쉽다. 부부 문제도 노력하면 해결할 수 있다. 먼저 부부 문제가 무엇인지를 파악하라. 요즈음 부부는 경제활동과 가사도 같이하고, 자녀 교육도 같이해야 한다. 양가의 부모도 동등하게 섬겨야 한다. '경제권을 누가 맡아야 하는가, 가사 일을 어떻게 분담할까.' 등 문제들이 산적해 있지만, 노력하면 해결할 수 있다.

2

남편과 아내 되는 시간을 가져라

결혼하면 자동으로 남편과 아내가 되는 게 아닌가? 따로 남편과 아내 되는 시간을 가져야 할까? 부모님 품에서 성장한 사람들은 성인이 되면 자연스레 부모를 떠나게 된다. 남자와 여자는 결혼하여 새로운 보금자리로 이동을 하게 된다. 결혼하면 호칭부터 새롭다. 여보, 당신이나 자기 등으로 부부만의 호칭을 갖게 된다. 이들은 한 가정의 주인이 되어 남편과 아내로 살아가게 된다. 남편과 아내로 설레는 마음은 1년 정도 가는 것 같다. 그것도 아이를 바로 갖게 되면 비포장도로를 달리듯 덜컹거린다. 양가의 가풍을 익혀야 한다. 양가 사람들과 새로운 삶을 시작한다. 세상에 갓 나온 아이가 어찌 사람 구실을 하겠는가? 갓 결혼한 남녀는 남편과 아내가 되는 시간을 가져야 한다.

남편과 아내가 되기 위한 시간을 갖지 않으면 어려운 일이 닥친다. 남편과 아내 되는 시간에 해야 할 일은 크게 3가지이다. 첫 번째로 할 일은 인간 대 인간으로 서로를 존중해주는 일이다. 두 번째로는 공동 목표를 설정하여야 한다. 세 번째로 할 일은 역할 분담이라고 생각한다. 남편과 아내가 되려면 적어도 이 3가지를 기본으로 정해야 한다. 이러한 일을 하지 않고 결혼생활을 한다면 어려울 것이다. 남자와 여자로 살아온 이들이 남편과 아내 되는 시간이 필요한 이유다.

부부는 남편과 아내 되는 시간을 가지지 않으면 갈팡질팡한다. 결혼 전의 사랑이 환상에 머물 수 있다. 환상에 머물지 않게 하는 방법을 찾아야 한다. 바로 남편과 아내 되는 시간을 가지고 찾아보면 어떨까. 남편과 아내 되는 시간을 갖지 않으면 여러 가지 어려움에 처할 수 있다. 인간을 존중하지 않으면서, 공동 목표 설정도 없이, 역할 분담도 하지 않고 시작하는 결혼생활은 어려움에 처할 수 있다.

남편과 아내 되는 시간을 보내면서 서로 어떻게 살아갈지 생각해보자. 남편과 아내를 존중하는 방법에는 무엇이 있을까. 서로 존칭어로 바꾸어보자. 존칭어는 존중감을 낳는다. 아이를 바로 갖게 되면 여자는 아내가 되기도 전에 몸과 마음이 힘들어진다. 남자도 남편이 되기 전에 직장 일이 힘들다. 여자는 생명의 꿈틀거림을 느끼며 힘든 싸움을 한다.

남자는 직장생활과 함께 피로감이 쌓여간다. 집에 오면 힘든 여자를 보면 피로감이 더 쌓여 매사에 무관심하게 된다. 여자는 남편의 무관심에 점점 소외감을 느끼게 된다. 그때부터 네 편이니 내 편이니 다툼이 일어난다. 모든 일이 갈팡질팡 갈피를 잡기 어렵다. 갈등이 증폭되고 싸움이 잦아진다. 감정 계좌는 바닥이 드러나면서 복장이 터지는 일이 많아진다. 불화가 계속 일어난다. 고민을 함께 나눌 수도 없고, 부부 사이는 점점 소원해진다. 결혼에 대한 회의를 느끼며 불행하다는 생각만 한다. 남편과 아내 되는 시간을 갖지 않으면 평생 남자와 여자로 살아가게 된다. 우리가 바라던 행복한 가정을 이루기가 어렵게 된다.

남편과 아내 되는 시간을 제대로 갖지 못해서 갈팡질팡했다. 우리 부부는 남편과 아내 되는 시간을 제대로 갖지 못해서 어려움을 겪었다. 남편은 지극히 가부장적인 사고를 하는 남자였다. 남자는 남편, 남편은 곧 하늘로 신분 상승을 꾀하였다. 조선시대의 사고방식을 가졌던 남자다. 이 남자는 인간 대 인간으로 살자는 말에 혀를 내둘렀다. 살다 살다 별소리를 다 듣는다고 하였다. 나는 그 말에 기가 찼다. 그러다 보니 매사에 의견이 맞지 않는 것이다. 핵가족 제도는 부부가 평등하게 살아가야 하는 공동체가 아닌가? 아내가 남편을 존중하면 남편도 아내를 존중해 주어야 하는데 그렇지가 않다. 남편만 존중받고 아내를 존중할 줄 모른다. 아내는 그저 여자다. 여자는 밥하는 사람이다. 아이나 키우는 사람이다. 집안일만 하는 사람이다. 경제권을 맡고도 감시를 받는다. 맛있는 반찬이 있으면 아내는 남편 먹으라고 남편 앞에 놓는다. 아내의 배려에 감동도 없다. 남자가 대접받고 자랐듯이 남편도 대접받는 자리에 올라앉는다.

공동 목표를 정하지 않으면 어렵다. 남편과 아내 되는 시간을 가져야 할 이유가 있다. 남편과 아내는 공동 목표가 있어야 한다. 공동 목표가 없으면 배를 어디로 저어갈지 모른다. 바다 한가운데 가서 서로가 다른 방향으로 가자고 싸우는 것과 같다. 싸우다가 결국 바다에 침몰할 것이다. 우리 부부도 마찬가지라고 본다. 공동의 목표를 설정해야 한다. 우리는 남편과 아내 되는 시간을 갖지 못했기 때문에 어려움을 겪었다.

집을 마련하거나 자동차를 사거나, 가구를 살 때도 공동의 목표가 있어야 한다. 공동의 목표가 없으면 자기 관점에서만 말한다. 자기주장만 받아들여지기를 바란다. 남편과 아내 되는 시간을 보내지 않으면 의견이 상충되는 경우가 많다. 어디로 노를 저어야 할지 갈팡질팡한다. 싸움은 필수가 된다. 갈등은 더욱 증폭된다.

우리 부부, 공동 목표를 설정하지 않아서 어려웠다. 우리 부부도 남편과 아내 되는 시간을 갖지 못한 채 결혼을 했다. 결혼 후에도 바로 임신을 하면서 그냥 흘러갔다. 단지 남자는 경제활동을 하는 것으로 했고, 여자는 집안일을 하는 것으로 했을 뿐이다. 어떤 의미 있는 일을 해보자는 것도 도출하지 못해서 공동 목표를 세우지 못했다. 자동차를 구입할 때 남편은 자기가 번 돈이라고 자기 마음대로 차를 사고 바꾸었다. 가정경제는 함께 의논하여 결정해야 함에도 나는 그 일에는 관여를 할 수 없었다. 남편과 아내 되는 시간을 가지고 그러한 일들을 만났다면 문제가 되지 않았을 것이다. 하지만 남편은 자기가 하고 싶은 것을 했다. 속으로 못마땅해도 말할 수가 없었다. 못마땅한 상황을 타개해야 했다.

자동차 사는 것은 남편의 영역으로 간섭하지 말자. 그 이후 나는 자동차에 대하여 말한 적이 없다. 이는 일방적인 수용이다. 남편과 아내의 시간을 가졌다면 이러한 일방적 수용을 하지 않았을 것이다.

역할 분담이 애매하면 어려움을 겪는다. 남편과 아내가 되기 위한 충분한 시간을 갖지 못하고 시작한 결혼생활은 힘들 수 있다. 역할 분담을 할 때 좀 더 명확하게 해야 한다. 만약에 남편이 경제활동을 맡기로 했다면 모든 것을 맡겨야 한다. 아내가 경제권을 맡기로 했다면 전적으로 맡겨야 한다. 각기 하는 일에 간섭은 하지 말아야 한다. 역할 분담을 할 때 제대로 약속을 해야 한다. 같이 살아가기 때문에 서로 간섭한다면 맡기는 것이 아니다. 의견을 제시하고 의견을 묻는 정도에 그쳐야 한다. 주의할 점은 각각 맡아서 하면 그 사람이 하는 것을 따라주어야 한다. 다만 배우자의 의견은 참고사항이 되어야 한다.

역할 분담을 하면 서로 편해진다. 역할 분담을 할 때 서로의 장단점을 잘 파악해야 한다. 각자가 잘하는 것들로 역할 분담을 해야 한다. 시간 배분도 잘 하여야 한다. 어떤 역할이 자신들과 맞는지 살펴보면 좋겠다. 경제활동과 경제권, 밥하기, 자녀 교육하기, 시장 보기, 청소하기, 빨래하기, 집안 경조사, 자녀 돌보기, 양가 챙기기, 선물이나 축하 등 역할 분담을 해야 할 일이 많다.

역할 분담이 애매하여 어려움을 겪었다. 우리 부부는 남편은 경제활동을 하고, 나는 가사 일을 하자고 하였다. 두루뭉술하게 테두리만 정하고 시작한 것이 잘못이었다. 경제활동, 즉 돈 벌어오는 일을 남편이 맡기로 했다. 남편은 자기가 벌어온 것이라고 경제권을 맡은 아내의 일을 참견했다. 나는 그저 관리자일 뿐이었다. 나는 남편이 어떻게 벌어오든지 참견을 하지 않았다. 나와 반대로 남편은 경제관리, 즉 벌어다 준 돈을 사용하는 나를 감시하면서 지적을 했다. 한번은 참견을 넘어 지시를 하였다. 기분이 나빠서 다 자기가 하라고 월급통장을 집어 던졌다. 그 뒤부터 일절 관여를 하지 않았다. 최근에 다시 그 병이 도졌다. 아직은 빚이 있는 상태라는 것을 알고는 경제권도 넘기라고 했다. 상의해야 할 일을 자기 생각으로 밀어붙인다. 나는 적자 상태에서는 넘겨주지 않겠다고 했다. 흑자를 내게 되면 그때 생각해보겠다고 했다.

남편과 아내가 되는 시간을 제대로 가져야 한다. 남자와 여자가 결혼하면 남편과 아내의 옷으로 갈아입는 시간이 있어야 한다. 남자와 여자가 남편과 아내의 시간을 갖지 않고, 바로 남편과 아내의 옷으로 갈아입으면 많은 어려움이 닥친다. 대가족 제도에서 자란 남자와 여자는 남편과 아내가 되는 시간을 꼭 가져야 한다. 현대를 제대로 살아가기 위해서는 남편과 아내, 부부의 옷으로 갈아입어야 한다. 남자는 현시대의 남편 옷을 입어야 한다. 여자도 현시대의 아내 옷으로 갈아입어야 한다. 남편과 아내가 현대의 옷으로 갈아입고 살아보자. 먼저 인간 대 인간으로 출발하자. 공동의 목표도 정해보자. 역할 분담도 제대로 정해보자. 남편과 아내가 되는 시간을 제대로 갖기 바란다.

3

우리는 어떤 노력을 했는가?

우리가 한 노력을 심리학의 매슬로우 5단계 욕구이론에 비춰본다. 이 욕구이론에 따르면 인간에게는 5단계의 욕구가 있다고 한다. 인간에게는 무엇인가를 이루고자 하는 욕구가 있다는 것이다.

매슬로우가 연구한 바에 의하면 기본적으로 채워지기를 원하는 생리적 욕구가 있고, 안전하고자 하는 안전의 욕구, 사회조직에 소속이 되고자 하는 애정과 소속의 욕구, 존중을 받고자 하는 존중의 욕구, 자아실현의 욕구가 있다고 한다. 생리적인 욕구가 채워지면 안전하고자 하는 욕구가 생기고, 안전 욕구가 채워지면 존중받고자 하는 욕구가 생기며, 존중받고자 하는 욕구가 채워지면 자아실현의 욕구가 생긴다고 한다.

이 욕구이론을 요즈음 부부에게 그대로 적용해본다면 무리일까? 불완전한 요소는 있지만 적용해보면 좋을 것 같다. 배우자가 생리적 욕구를 원하는지 아니면, 안전의 욕구를 원하고 있는지, 애정과 소속의 욕구가 있는지, 존중을 받고자 하는 욕구가 있는지, 자아실현의 욕구가 있는지 살펴보자.

배부른 돼지에게 먹을 것을 주면 먹지 않는다. 배불러서 먹지 않는 돼지처럼, 생리적인 욕구가 다 채워진 배우자에게 생리적인 욕구만을 채워주려고 한다면 어떻게 될까? 배부른 돼지에게 먹을 것을 주면 헛발질을 당하듯 부부관계도 그러할 것이다. 5단계 욕구이론으로 부부 간에 숙고하는 시간을 한번 가져보자.

5단계 중 1단계와 2단계를 살펴보면, 가장 기본적인 욕구가 생긴다고 한다. 1단계의 욕구는 음식물과 물, 성, 수면, 항상성, 배설, 호흡 등이 채워진다고 한다. 인간에게 가장 강력한 욕구로 생존을 위한 필수 요소이다. 생리적 욕구가 충족되지 않으면 인간의 신체는 제대로 기능하지 못한다. 심지어 생존도 불가능하게 된다는 것이다.

기본적인 욕구가 충족되면 2단계의 안전하고자 하는 욕구가 생긴다고 한다. 이 욕구는 전쟁이나 자연재해, 가정폭력, 학대로부터 안전하고자 하는 욕구이다. 이 욕구를 채우기 위해서 사람들은 보험이나 종교에 귀의한다. 이 욕구에는 개인적인 안정과 재정적인 안정, 건강과 안녕, 사고나 병으로부터 안전하기를 바라는 것이 포함된다.

신체기능이 활발하게 움직이는 생리적인 욕구가 충족되면, 안전하고자 하는 욕구가 생긴다고 한다. 이 이론이 아니더라도 우리는 흔히 욕구의 변화를 느낀다. 어떠한 욕구가 충족되면 다른 욕구가 생긴다. 인간이 무엇인가 성취하고자 하는 것은 인간의 속성이 아닌가 생각한다.

나는 기본적인 생리적 욕구와 안전하고자 하는 욕구를 채워주려고 애썼던 것 같다. 나는 결혼하여 처음에는 가장 생리적인 욕구를 채워주려고 많은 노력을 했던 것 같다. 남편이 음식물을 잘 섭취할 수 있도록 신경을 써서 밥을 지었다. 좋은 물을 먹을 수 있도록 약수도 떠다주었다. 성적으로도 만족감을 주려고 노력도 했다. 수면시간이 달라서 애를 먹었지만, 추후에 해결을 했다. 배설이 잘되게 하는 거친 음식들을 먹게 했다. 호흡이 잘되게 하려고 산책도 하고, 자연을 찾아가기도 했다. 건강을 생각하여 담배를 피우지 말 것을 권하기도 했다. 종합검진도 받게 했다.

나는 남편이 밖에서 일을 잘할 수 있도록 가정을 문제없이 운영했다. 가정의 경제도 분수를 지켜가며, 저축도 해가면서 탄탄하게 했다. 아이들에게 사고가 나지 않도록 주의를 기울였다. 데인 상처 없이 아이들을 잘 키웠다. 대개 아이들이 데인 상처가 있는데 우리 아이들은 없다. 전업주부로서 살고자 하는 약속도 충실히 지켜왔다.

5단계 욕구이론 중, 3단계와 4단계의 욕구를 살펴보자. 3단계의 애정과 소속의 욕구는 인간도 동물과 같다고 한다. 동물이 어디론가 갈 때 무리를 지어가려는 성향이 있다고 한다. 인간도 어느 곳이든지 소속되기를 원하며 관계를 맺고자 한다. 학대 부모에게 자란 사람들은 안전의 욕구보다 이 욕구가 먼저 채워지기를 바라기도 한다고 한다. 즉 직장의 동료나 종교단체, 전문적 조직, 스포츠팀, 가족 구성원, 연인관계, 멘토, 친구관계 등에 소속되고자 하는 욕구다.

4단계의 존중의 욕구는 타인으로부터 가치 있는 존재가 되고자 한단다. 자신이 훌륭한 일을 하거나, 무엇을 잘해서 타인으로부터 인정을 받고자 하는 욕구라고 한다. 이 욕구가 충족되지 않거나 불균형이 생기면, 자아존중감이 낮아지거나 열등감이 생긴다고 한다. 따라서 나약함과 무력감이 생긴다는 것이다.

이 욕구는 낮은 수준의 욕구와 높은 수준의 욕구로 나뉜다고 한다. 낮은 수준의 욕구는 지위를 얻거나 인정받기를 원하며 명성을 얻기를 원하는 것이다. 또한 위신을 중히 여기고 주목을 받으려는 현상으로 나타난 다고 한다. 높은 수준의 욕구는 자기 존중감으로 나타난다고 한다. 이 욕구는 강인함과 경쟁력, 어떤 것의 숙달, 독립성, 자유, 가치를 가지려고 한다는 것이다.

애정과 소속의 욕구를 채워주려고 애썼던 것 같다. 친구가 남편을 소개하기 전에 남편의 가정이 교회에서 아주 모범적이라고 했다. 부모님이 계시지 않은 상황에서 형제들과 우애가 깊다고 했다. 내가 들어가서 그 우애를 깨지 않으려고 노력을 많이 했다. 남편은 가정과 직장, 친구에 한하여 관계를 맺고 있었다. 나는 남편이 가기 원하는 곳에 어디든지 따라다녔다. 직장의 동료나 친구들의 모임이 있을 때는 함께했다. 남편은 자기 형제들에게 잘하는 것에 만족해했다. 매슬로의 욕구이론에 의하면 남편은 애정과 소속의 욕구 단계에 있었던 것 같다.

남편은 욕구이론에 의한 존중을 받고자 하는 욕구는 없었던 것 같다. 오히려 내가 존중을 받으려는 욕구가 있었던 것 같다. 문학 공부를 하면서 시를 쓰고 시를 발표하는 행사가 종종 있었다. 이때 남편이 와서 축하해주기를 바랐지만 관심도 없었다. 그때는 정말 서운했다. 남편은 나의 욕구가 무엇인지 어떻게 반응해야 하는지도 모르는 사람이었다. 이 욕구이론에 의하면 적절한 욕구가 채워지지 않아서 발생한 열등감과 나약함,

무력감이 나에게 있었다. 나에 대한 자존감이 점점 낮아졌다. 이는 훌륭한 일을 하거나 무엇을 잘함으로써 타인으로부터 인정을 받고자 하는 욕구가 충족되지 않으면 나타나는 현상이라고 한다.

5단계 욕구이론 중 마지막 자아실현의 욕구를 살펴본다. 이 욕구는 자신의 역량이 최고로 발휘되기 바라며, 창조적인 경지까지 성장시키고자 한다는 것이다. 매슬로우는 잠재력의 전부를 실현하려는 가장 인간다운 욕구라고 한다. 이 욕구는 모든 사람이 경험하는 것이 아니라, 위의 4단계 욕구가 충족된 다음에 나타난다고 한다.

앞의 4단계가 충족되지 않았을 때는 긴장을 해소하려는 방향으로 나타난다고 한다. 이 욕구는 결핍 상태에서 나타나는 것이 아니란다. 성장을 향한 긍정적 동기로 나타난다고 한다. 이런 점에서 가장 바람직하고 성숙한 인간의 동기라고 한다. 자신이 원하는 바를 이루고자 하는 욕구는 때로 한계에 부딪히기도 한다. 하지만 이 욕구는 극복하면서 더욱 분발하기도 한다.

자아실현의 욕구는 사람마다 다르게 구현되면서 구체적으로 나타난다. 어떤 사람은 이상적인 부모, 화가, 가수가 되려고 한다. 이 욕구는 자기 내면의 경험을 기반으로 내재적 동기가 중심이 되어 개인적인 경험을 할 수 있다. 모든 사람이 경험하는 것은 아니고, 4단계의 욕구가 충족되어야 할 뿐 아니라 욕구에 대한 숙달 역시 높아야 한다고 한다.

남편은 자아실현 욕구까지 채워졌을까? 나는 남편의 직업을 물으면 지구 조각가라고 소개한다. 남편은 토목 전문가다. 도로가 없는 곳에 가서는 도로를 낸다. 도로가 좁은 곳에 가서는 확장을 한다. 설계를 하여 길을 닦고 넓히는 창조적인 일을 해왔다. 토목 전문가로 자신의 역량을 최고로 발휘하였던 같다. 공사현장의 꽃은 현장소장이다. 현장소장으로 30여 년간 꽃을 피워왔다. 자신의 잠재력을 총동원하여 일을 했을까? 그 일로 남편은 만족한다. 죽을 때 가지고 갈 것도 아니라며 돈에 대한 애착도 없다. 빚만 없으면 된다는 주의다. 일로써 자아실현을 했다고 볼 수 있을까? 의문이 남는 대목이다.

심리학의 매슬로우 5단계 욕구이론으로 우리가 어떤 노력을 하며 살았는지 살펴보았다. 우리는 서로 기본적인 생리적인 욕구를 채워주려고 했던 것 같다. 안전하고자 하는 욕구를 채워주려고 애썼고, 애정과 소속의 욕구를 채워주려고도 했던 것 같다. 하지만 남편은 존중을 받고자 하는 욕구는 없었던 것 같다. 남편은 자아실현 욕구까지 채워졌을까?

4

문제와 행동을 구별하라

문제와 행동을 어떻게 구별할 수 있을까? 우리는 때때로 문제와 행동을 구별하지 못할 때가 있다. 문제는 무엇이고 행동은 무엇인데 구분을 하지 못하는 것일까? 문제는 해결하기 어렵거나 난처한 일들을 말한다. 행동은 몸을 움직이거나 어떤 일을 하게 하는 것이다. 즉 문제는 해결해야 할 과제이고, 행동은 과제를 해결한 결과물이라고 할 수 있다.

부부생활을 하다 보면 해결해야 할 과제가 얼마나 많은가. 이 과제들을 해결해야 한다. 과제를 해결하지 않고 그대로 두면 문제가 커진다. 문제를 해결하지 않으면 결국 싸움이 된다. 문제와 행동을 한번 구별해보자. 부부생활을 하면서 일어나는 문제와 행동의 예를 보자. 많은 사람들의 이혼 사유가 되는 성격 차이가 있다고 해보자. 성격 차이는 누구에게나 있다. 어떤 일 처리를 하는데 부부가 처리하는 방식이 다르다. 한 사람은 빨리빨리 처리한다. 또 한 사람은 신중하게 천천히 처리한다. 빨리 처리하는 사람은 천천히 처리하는 사람에게 빨리하라고 한다. 천천히 하는 사람은 빨리하는 사람한테 빨리하면 뭐 하느냐고 거칠어서 다시 손을 봐야 한다고 한다. 둘이 서로 자기들이 하는 것에 대한 정당성을 말한다. 서로 옳다 하다가 결국 싸움이 일어난다. 각각 일하는 방식을 이해하고, 서로 조율하지 못하면 이혼이라는 극단적인 선택을 하게 되는 것이다.

문제와 행동, 문제는 과제이고 행동은 결과물이다. 부부는 결혼과 동시에 독립된 가정을 만들어야 하는 과제가 주어진다. 아이들이 세상에 태어나서 성인이 되기까지 성장 과정이 있듯이 결혼생활도 이와 같다고 본다. 아이들이 성장하면서 과정에서 생기는 과제들을 해결하지 않으면 어떻게 될까? 결혼생활에도 과정이 있다. 그 과정에서 해결해야 할 과제들을 해결해야 한다. 과제를 해결하지 않으면 아이들은 걸어 다닐 수 없을 것이다. 사람은 걸어 다녀야 하는 과제를 안고 세상에 태어난다. 걸어 다닐 때까지 수많은 행동의 실패를 맛본다. 그럼에도 서기까지 연습은 계속된다. 아이는 태어나면 누워 있는 일밖에 할 수 없다. 걸어 다녀야 하는 직립 인간의 문제를 안고 있다. 이 문제를 해결하기 위하여 수많은 연습을 한다. 처음에는 뒤집기를 한다. 뒤집기를 하다가 마음대로 안 되면 운다. 그 울음은 엄마 아빠에게 도와달라는 뜻이다. 엄마 아빠가 그 아이의 뒤집는 과정을 대신할 수는 없다. '아이고, 잘하네. 다시 해봐. 다시 하면 할 수 있어.' 하면서 칭찬을 해주고 할 수 있다는 용기를 주는 것이다. 아이들은 뒤집기와 앉기, 일어서기, 걷기라는 수많은 실패를 통하여 걸어 다닐 수 있게 된다. 아이가 맨 처음에 구사하는 단어는 '엄마'다. 엄마라는 하나의 언어를 구사하기까지 3,000번 연습한다는 연구 결과를 본 적이 있다.

결혼생활도 이와 같지 않을까? 어찌 한 가정으로 독립하기까지 실패가 없을 수 있을까? 부모나 형제는 한 가정을 꾸리기까지 위로와 격려, 칭찬, 용기로 도와주는 일밖에 할 수 없다. 대신 살아줄 수 있는 것이 아니다. 많은 시행착오를 거치는 것이 당연지사다.

부부라는 아이는 힘들었다. 우리 부부에게도 결혼하면서 독립 가정의 과제를 수행하기 위한 수많은 시행착오가 있었다. 부부라는 아이가 아이를 출산했다. 부부라는 아이는 누워 있는 아이와 같았다. 뒤집기를 해야 한다. 뒤집기를 하려는데 안 된다. 시댁과 친정에 뒤집기를 대신해달라고 요청했다. 시댁과 친정도 대신해달라는 것으로 알고 거절을 했다. 혼자서 뒤집기에 성공했다. 간간이 시누님들이 뒤집기를 하는 어려움을 고생한다며 다독여주셨다. 친정 고모들이 건강 잘 챙기라며 걱정을 해주셨다. 부모와 형제들이 한 가정이 독립할 수 있도록 해야 하는 일은 뒤집기를 대신해주는 것이 아니다. 용기를 주는 것이다. 대신 뒤집기를 해주면 그 아이의 뒤집기는 느려진다. 우리는 다행히 대신해주는 부모님이 계시지 않기 때문에 뒤집기가 빨라졌다. 더하여 앉기와 서기, 걷기도 빨리 하게 되었다.

 문제와 행동, 스스로 해결하지 않으면 오히려 더 지체가 된다. 부부는 자신들의 문제는 자신들 스스로 해결해야 한다. 문제를 빨리 해결해보고자 부모에게 대신해달라고 맡긴다면 더 늦어진다. 부부생활의 문제, 결혼한 자녀들이 결혼하고도 부모에게 기대려 한다면, 독립하는 것이 지연된다. 요즈음은 부부가 맞벌이하는 시대, 먹고살기 어렵다며 자신들의 일을 부모에게 맡기는 경우가 많다. 부모들은 거절하지 못하고 자녀의 자녀를 키워주는 경우가 많다. 부모는 자녀를 결혼하기 전까지만 보살펴야 한다. 건강하지 못한 부모는 힘들어한다. 부모에게 손자 손녀까지 보살피는 문제를 안기면 안 된다. 부부에게 봉양할 부모가 있다면 더욱 아니다. 자녀들의 요구를 들어주느라 자신의 부모를 봉양하는 데 소홀하게 된다. 사회적으로 준비가 되지 않은 상황에서 맞벌이 시대가 되었다. 사교육비가 많이 들기 때문에 맞벌이를 해야 한다. 아이들을 맡아줄 곳이 없다. 아이들을 키우기가 어렵다. 그래서 결혼을 꺼린다. 인터넷 시대에 집에서 할 수 있는 일을 찾으면 얼마든지 있다. 부모의 인권을 보장해라.

부부는 자신들의 선에서 해결할 방안을 찾아야 한다.

　할머니는 힘들다. 지인 중에도 손자 손녀를 보는 경우가 많다. 한 지인의 하소연을 들은 적이 있다. 자기도 아이들을 절대로 봐주지 않겠다고 했는데 어쩔 수가 없었단다. 특히 공부를 많이 시켜놓은 딸이라서 거절할 수가 없었단다. 손자 손녀를 보느라고 모임은 물론, 하고 싶은 일을 하지 못하며 산다고 하였다. 아이를 키우는 데는 엄청난 에너지가 필요하더란다. 자기는 건강도 좋지 않다고 한다. 손주를 보는 것이 자기 아이를 보는 것보다 몇 배 더 힘들다고 한다. 아이의 습관 하나라도 들이려면 머리도 써야 한다고 했다. 설사 아이가 다치기라도 하면 자녀들에게 얼마나 미안한지 모른다고 했다. 아이들은 부모의 말은 무서워서 듣는단다. 할머니의 말은 듣는 척 마는 척한단다. 가장 문제가 되는 것은 건강하지도 못한 할머니가 아이들을 보살피는 것이란다. 건강한 부모가 건강한 아이를 키울 수 있다고 한다. 그렇게 할머니는 힘들다는 하소연을 들은 적이 있다.

　문제와 행동, 스스로 해결하지 않으면 결국 싸우게 된다. 부모는 자녀의 삶을 절대로 대신 살아줄 수 없다. 결혼한 부부라면 한번 자신에게 물어보자. 우리 부부는 부모로부터 빠른 독립을 원하는가? 우리 부부는 부모에게 일시적인 도움만 받을 것인가? 우리 부부는 부모에게 평생 기대어 살 것인가? 빠른 독립을 원하는 부부가 있을 것이다. 일시적인 도움을 받고자 하는 부부가 있을 것이다. 평생 기대어 살아보고픈 부부도 있을 것이다. 빠른 독립을 원하는 부부는 어떠한 상황에도 스스로 해내겠다는 강한 다짐이 있어야 한다. 이는 부모님들을 편하게 할 것이며 스스로 성취욕도 있게 된다. 부모님에게 일시적인 도움을 받고 살고자 한다면 부모님의 삶의 일부분을 빼앗게 될 것이다. 부부는 미안해질 것이다. 어떤 부모님은 보상을 바랄 것이다. 그 보상의 기대는 평생 갈 수도 있다. 마지막으로 평생 기대어 살고자 하는 부부도 있을 것이다. 이는 부모님도, 부부 자신도 자유롭지 못한 삶을 살게 될 것이다. 부부에게 닥친 문제를 어떻게 해결할지는 부부의 생각에 달려 있다. 어떤 삶을 살아갈 것인지는 부부들 자신의 선택이다.

우리 부부는 부모의 도움 없이 독립하여 자유를 만끽하고 있다. 우리 부부도 던져진 문제를 잘 해결하였다. 부모님의 도움이 없어서 서러웠고 힘들었지만 그 보답은 자유로 받았다. 세상사 음지가 있으면 양지가 있고, 양지가 있으면 음지가 있다는 말에 100배 공감한다.

부모님의 도움을 받는 사람들을 보면 엄청 부러웠다. 상대적으로 서럽기까지 했다. '나에게는 왜 부모님의 도움을 받을 수 없는 삶이 주어졌나. 내가 선택한 것도 아닌데.' 하면서 울기도 많이 울었다. 부모님의 도움을 받으면 더 잘 살 것 같았다. 이제, 꼭 그렇지만은 않은 상황을 자주 본다. 부모님의 도움을 받은 사람들은 계속 도움을 받고자 한다. 부모님에게 도움은커녕, 요구만 하여 부모님이 힘들어한다. 그들이 자신들의 삶을 더 잘 꾸려갈 것이라는 생각은 착각이었다.

문제와 행동을 구별하라. 문제와 행동을 어떻게 구별할까? 우리는 때때로 문제와 행동을 구별하지 못할 때가 있다. 문제는 무엇이고 행동은 무엇인데 구분을 하지 못하는 것일까? 문제는 해결하기 어렵거나 난처한 일들을 말한다. 행동은 몸을 움직이거나 어떤 일을 하게 하는 것이다. 즉 문제는 해결해야 할 과제이고, 행동은 과제를 해결한 결과물이라고 할 수 있다. 문제와 행동, 문제는 과제이고, 행동은 과제의 결과물이다. 부부는 결혼과 동시에 독립된 가정을 만들어야 하는 문제를 안고 있다. 부부라는 아이는 힘들다. 문제와 행동, 스스로 해결하지 않으면 오히려 더 지체된다. 부부는 그들의 문제를 스스로 해결해야 한다. 할머니는 힘들다. 건강한 부모가 건강한 아이를 키워야 한다. 문제와 행동, 스스로 해결하지 않으면 결국 싸우게 된다. 부모는 자녀의 삶을 절대로 대신 살아줄 수 없다. 그러니 부모의 도움 없이 독립하여 자유를 만끽해보자.

5

부정적인 대화 방식을 고쳐라

부정적인 대화 방식, 어떻게 하면 고칠 수 있을까? 행복하게 살고자한 결혼, 영원히 행복할 줄 알았던 결혼은 부정적인 대화 방식만 남아 있다. '자기야, 사랑해. 우리 참 행복하다 그치? 자기를 만나서 얼마나 좋은지 몰라.' 그 말은 다 어디에 숨어버린 걸까? 부부싸움을 하고 나서야 뒤를 돌아본다. 싸움 뒤에는 부정적인 대화 방식이 있음을 알아차린다. 성숙해가는 과정의 부부는 여러 가지 어려운 일을 만나게 된다. 그 어려움을 타개해야 한다. 긍정적인 말을 하고 살아야 하지만 그게 어디 쉬운 일이던가. 부정적인 말은 부정적인 생각을 낳는다. 부정적인 생각은 공격적인 말투로 변한다. 공격적인 말투는 부정적인 대화 방식으로 고착된다. 부정적인 대화 방식은 싸움의 근원이 된다. 부정적인 대화 방식의 고리를 끊어야 한다. 이 고리를 끊어내지 않으면 싸움은 계속될 것이다. 더 나아가면 이혼에 이를 수도 있다.

부정적인 대화 방식의 고리가 되는 부정적인 말들. 우리의 일상생활에서 주로 쓰는 부정적인 말들은 무엇일까? 싸움의 근원이 되는 부정적인 말을 찾아보았다.

- 외모에 대한 부정적인 말
- 행동에 대한 부정적인 말
- 자존감을 낮게 하는 부정적인 말
- 무시하는 부정적인 말
- 비꼬는 부정적인 말
- 기를 죽이려는 부정적인 말
- 하고 싶은 일을 못 하게 하는 부정적인 말
- 말을 못 하게 하는 부정적인 말
- 의기소침하게 하는 부정적인 말
- 상대를 제압하려는 부정적인 말

외모에 대한 부정적인 말은 "왜 머리가 그래?", 행동에 대한 부정적인 말은 "옷을 왜 그렇게 입어?", 자존감을 낮게 하는 부정적인 말은 "그만

해.", 무시하는 부정적인 말은 "이것 좀 치워.", 비꼬는 부정적인 말은 "벌써 다 했어?", 기를 죽이려는 부정적인 말은 "아직도 안 했어?", 하고 싶은 일을 못 하게 하는 부정적인 말은 "그거 해서 뭐 해?", 말을 못 하게 하는 부정적인 말은 "됐어.", 의기소침하게 하는 부정적인 말은 "잠 안 자고 뭐 하는 거야?", 상대를 제압하려는 부정적인 말은 "그게 아니야." 등이다. 이런 부정적인 말을 들으면 기분이 어떤가?

부정적인 말로 인하여 싸운 일은 많다. 그중에 하나, 하고 싶은 것을 못 하게 하는 부정적인 말로 싸운 일이 있었다. 우리는 발효 곶감 및 능이 등의 농산물 판매나 펜션 예약을 전자상거래로 직거래판매를 한다. 전자상거래를 하려면 홈페이지를 개설하여 운영해야 한다. 전자상거래로 판매를 하려면 많은 것들을 배워야 한다. 사진이나 동영상을 촬영하여 올리는 것부터 배웠다. 홈페이지 및 블로그를 운영하기 위한 교육도 받는다. SNS를 활용한 홍보를 위해서는 교육이 필요하다. 고양이 눈알이 돌아가듯 빠르게 변화하는 시대에 뒤처지지 않기 위해서 늘 교육을 받는다. 문경시 농업기술센터와 경상북도 농업기술원, 농촌진흥청, 농식품의 농정원 등에서 교육을 해준다.

가까운 곳에서 하는 것은 문제가 되지 않는다. 1박을 하면서 받아야 하는 교육에는 반드시 문제가 생긴다. 교육을 받으러 가는 날 아침에 한소리 하는 남편의 말로 싸움이 시작된다. "그거 백날 받아봤자 효과도 없는데 뭐 하러 받으러 가는지…." 한다. "교육의 중요성을 모르면 말이나 하지 말지. 알지도 못하면서…." 라는 한마디로 싸움은 시작된다.

부정적인 대화 방식의 공격적인 말투. 공격적인 말투는 부정적인 대화 방식의 연결고리가 된다. 부정적인 대화 방식의 고리가 되는 공격적인 말투를 끊어내야 한다. 부정적인 대화 방식은 자기의 잘못을 상대방에게 전가하려는 것이다. 상대방에게 전가하려는 고착된 부정적인 대화 방식은 싸움을 유발한다. 공격적인 부정적인 대화 방식을 고치지 않으면 부부싸움은 계속될 것이다. 공격적인 말투에는 모든 문제를 상대 탓으로 돌리려는 의도가 숨어 있다. 또한 원망도 있다. 상대의 공격을 받으면 상대는 자동으로 방어하게 된다. 공격적인 말투로 말하면 상대방은 공격적으로 방어를 한다. 부부는 공격의 대상이 아니다. 부부를 공격의 대상으로 보는 것부터 바꾸어야 한다. 부정적인 대화 방식을 바꾸려면 힘이 있는 사람이 먼저 공격을 하지 않아야 한다. 우리가 싸우는 것은 관계를 회복하려는 데 있지 않은가. 남자와 여자는 모두 관계 회복을 바란다. 관계 회복을 바라며 취하는 방식에는 남자와 여자의 차이가 있다. 큰소리로 싸우다가 회피를 한다. 회피는 더 큰 싸움을 하지 않고 대부분 관계 회복을 바란다. 남자의 회피는 안전하게 관계를 회복하고자 한다. 반면에 여자는 적극적으로 화내고 비난한다. 남자와 여자 모두 관계 회복을 위하여 회피한다. 그러므로 남녀 회피 방식의 차이를 알고 관계 회복을 위한 노력을 하여야 한다.

우리가 쓰는 부정적인 대화 방식의 공격적인 말투. 우리 부부는 공격적인 말투로 싸움을 한 적이 있다. 노트북을 가지고 수업을 갔다 왔다. 전에도 말한 적이 있는데 자판 하나가 안 된다고 했다. 나갈 때 가서 고쳤으면 좋겠다고 했다. 그랬더니 "알아. 내가 모르는 줄 알아?"라고 하며 나가버린다. 더 이상 말을 못 하게 한다. 속이 답답하다. 쫓아가서 확 받아버리고 싶다. 왜 그렇게 말하는 거야? 책을 쓰다가 싸울 수도 없고 참는다. 신경질이 난다. 난 속으로 욕한다. 속으로라도 욕을 해야 풀린다. 이런 것이 쌓이면 언젠가는 크게 싸울 것이다. 고쳐야 한다고 알려주는데 왜 그렇게 말하지? 무엇 때문에 그렇게밖에 말을 할 수 없는지. 상대방의 말을 못 하게 막는 부정적인 대화 방식의 공격적인 말투는 사람의 기분을 몹시 상하게 한다. 공격적인 말투로는 욕이라든지 신경질적인 말투, 직설적인 말투, 깐족거리는 말투, 비아냥거리는 말투, 가르치려는 말투, 자기만 옳다고 우기는 말투, 무시하는 말투, 지나친 자기 자랑, 부정적으로 지적만 하는 말투, 질책하는 말투 등이 포함된다. 이런 말투는 싸움을 불러들인다.

부정적인 대화 방식, 고쳐야 하는 이유. 부정적인 말이나 공격적인 말투는 자기의 잘못을 상대방에게 돌리려는 것이다. 이러한 말은 싸움의 근원이 된다. 상대 탓으로 돌리게 되면 자동으로 싸움이 일어난다. 문제가 발생하면 자신을 돌아보기보다는 상대를 먼저 의심한다. 상대를 나쁜 사람으로 만든다. 상대를 비난하거나 낙인을 찍기도 한다. 비교하거나 평가한다. 심지어 남편의 자격을 논하고, 아내의 자격을 논하게도 한다. 자기가 한 말에 대해 당연시하고 당위적인 것이라고 여긴다. 자신의 선택이나 책임을 인정하지 않는다. 상대가 요청하지 않았는데도 충고를 한다. 자기식으로 강요한다. 사소한 것에 집착하여 맥락을 파악하지 못한다. 개선책을 마련하지 못한다. 자기성찰이 없다.

해결 방안을 찾지 못하면 남자와 여자 모두 회피한다. 한 배우자가 비난하고 공격하면 상대는 방어하고 회피한다. 이런 부부는 안타깝게도 이혼할 확률이 80%라고 한다. 부정적인 대화 방식을 고쳐야 할 이유가 여기에 있다.

고치지 못한 부정적인 대화 방식으로 겪었던 어려움. 우리는 매사 네 탓으로 돌리려는 부정적인 대화 방식을 가지고 있다. 부정적인 대화 방식이 일상화되어 서로를 힘들게 한다. 자기도 모르게 좌절감과 단절감에 사로잡힌다. 우리 부부는 정서의 고갈을 느끼고 허탈감에 빠지기도 했다. 모든 것이 나의 잘못인 것 같아 위축된다. 나를 나쁜 사람으로 만드는 것에 대해 분한 마음에 남편을 공격하고 싶다. 겉으로 표현하면 싸움이 일어나니 참는다. 참으면 일시적으로 분위기는 바뀐다. 그러나 참으면 더한 분노로 나타난다. 참으로 어렵다.

부정적인 대화 방식을 고쳐야 한다. 부정적인 대화 방식, 어떻게 하면 고칠 수 있을까? 행복하게 살고자 한 결혼, 영원히 행복할 줄 알았던 결혼인데 부정적인 대화 방식만 남아 있다. 부정적인 대화 방식의 고리가 되는 부정적인 말과 공격적인 말투로 서로 힘들어한다. 부정적인 말과 공격적인 말투의 고리를 끊어야 한다. 이것을 끊어내지 못하면 계속 힘들게 살아간다. 부정적인 대화 방식을 고쳐야 할 이유는 분명하다. 반드시 고쳐야 한다. 고치지 않으면 더 큰 싸움이 된다.

6

갈등과 싸움은 다르다

갈등과 싸움은 어떻게 다른가? 갈등은 마음속에 2가지 이상의 욕구 등
이 동시에 일어나 갈피를 못 잡고 괴로워하는 상태를 말한다. 싸움은 갈
등으로 인하여 일어나는 행동이다.

갈등이란 다른 대상(또는 집단)들 간의, 내면에서 발생하는 욕구나 심
리적인 상태의 충돌을 나타낸다. 일반적으로 갈등은 2개의 양립할 수 없
는 욕구나 기회, 목표 등에 직면했을 때나 사회적 대상의 내부 또는 외부
에서 일어나는 부조화 상태에서 발생한다. 또는 대립적인 상황에서도 발
생한다. 갈등은 지극히 주관적이고 개인적이다. 갈등은 부정적인 감정과
불화의 크기, 개인의 가치관, 의미, 자존감, 정체성과 중요도에 따라서도

다르다.

사전적 정의에서 갈등(葛藤)의 한자는 칡(葛)과 등나무(藤)라는 뜻으로, 칡과 등나무가 얽히듯이 일이나 사정 등이 복잡하게 뒤얽혀 화합하지 못하는 모양을 이른다. 더 나아가 서로 상치되는 견해나 이해 따위의 차이로 인해 생기는 충돌이다. 정신적인 세계 내부에서 각기 다른 방향을 지닌 힘들이 충돌하는 상태를 갈등으로 정의하고 있다.

싸움은 해결되지 않은 갈등에서 발생한다. 서로의 이익을 찾기 위해서 자기의 주장을 관철하려는 행동으로 나타난다. 갈등과 싸움은 다르다. 갈등은 심리적인 불화 상태이고, 싸움은 갈등이 증폭되어 표출되는 하나의 행동이다.

갈등과 싸움, 구별하라. 갈등이 생기면 화가 나거나 서운한 생각이 나거나 짜증이 나거나 언짢은 느낌이 들거나 공포가 생긴다. 따라서 불안한 마음이 들고, 죄책감, 슬픔, 반감, 서운함, 분노 등이 생긴다. 갈등은 성별이나 나이, 학력, 출신 지역, 인종, 민족, 사회층, 혈액형, 성격 유형, 독신, 기혼, 직업, 거주지, 혈액형 등에 따라 일어날 수 있다.

싸움은 자신의 목표를 우선시하려는 행동이다. 자신의 목표를 우선시하는 것이 좌절되면 회피를 한다. 회피도 싸움의 연장선이다. 심리적인 줄다리기로 들어가는 것이다. 회피는 관계를 우선하는 행동이지만 문제가 있어도 없는 듯 무시해버리는 유형이다. 싸움에도 유형이 있다. 회피형, 경쟁형, 협동형이 있다.

회피형은 문제가 있어도 없는 듯 무시해버리는 유형이다.

경쟁형은 자신의 관점을 고수하며 상대를 압도하면서 갈등을 해결하는 유형이다.

협동형은 서로의 목표를 추구하면서도 좋은 관계를 유지하며 갈등을 해결하는 유형이다.

싸움은 쌍방의 의견이 맞지 않으면, 그 의견을 관철하기 위해 일어나는 신체적 및 정신적 충돌이다. 사회학에서는 협력과 반대되는 사회관계를 싸움이라 일컫는다. 싸움은 싸우는 사람끼리 서로 양보를 하지 않을 때 일어난다. 서로 자기주장을 하면서 부딪칠 때 일어난다. 싸움의 형태와 발생 원인은 모두 자기주장과 표현 방법에 따라 다르다. 싸움은 연령에 따라 형태나 원인도 다르다. 싸움은 일부 폭력이 동반되기도 한다. 싸움은 어릴 적에는 폭력을 많이 쓴다. 성인이 되면 법에 따라 제재를 받을 수 있으므로 폭력을 동반하는 싸움은 드물어진다.

갈등이 증폭되어 싸움이 된 적이 있다. 우리 부부는 성별에 대한 갈등이 있다. 남자와 여자의 역할에 따른 갈등이다. 인간은 남자와 여자 모두 존엄한 존재이다. 존엄한 존재가 단지 여자라는 이유로 무시와 천대를 받는 것에 대한 반기이다. 가부장적인 사고방식에서 벗어나지 못하는 남편과의 갈등이 많다. 해결되지 않은 갈등으로 화나는 일이 많다. '여자가'란 말만 나오면 내 눈에는 쌍심지가 켜지고 자동으로 불이 켜진다. 내가 다시 태어나면 남자로 태어나겠다고 하면서부터 공격이 시작된다.

갈등과 싸움, 극복을 위해 노력해야 할 이유. 갈등을 해결하지 않으면 싸움의 횟수가 많아진다. 사람과 일의 갈등으로 충돌이 일어날 수 있다. 내부적으로나 외부적인 갈등이 있을 때 충돌도 예상된다. 어떤 것의 해석에 따라 충돌도 일어나게 된다. 서로 다름을 인정하지 못하는 충돌도 있을 수 있다. 서로의 이해관계에 따른 충돌도 일어난다. 모든 갈등은 문제의 크기나 심각성에 따라 다르게 나타난다. 갈등의 이유는 개인의 의미와 중요성으로 빚어진다. 간접적인 싸움이 일어나거나 냉전 상태가 된다. 냉전 상태는 무시와 무관심, 침묵으로 나타난다.

싸움은 언제 일어나는가? 신속하고 결단력 있는 조치가 필요한 상황일 때 일어난다. 중요한 사항이지만 달갑지 않은 행동을 해야 할 필요가 있을 때도 일어난다. 또한 전체 집단 구성원 또는 조직의 앞날에 장기적으로 중요한 문제일 때 일어난다. 갈등 해결은 싸움을 근절하는 지름길이다. 싸움이 되기 전에 갈등을 먼저 해결해야 한다. 갈등을 그대로 두면 싸움은 지속될 것이다. 갈등을 해결하고자 하는 노력을 해야 한다.

갈등과 싸움을 해결하려고 노력했다. 갈등을 방치하면 싸움이 된다. 갈등을 해결하려고 노력해보았다. 몸의 건강 관리를 할 때와 같은 이치였다. 몸을 건강하게 하려면 병을 일으키는 요인을 제거해야 한다. 싸움은 병과 같은 것이었다. 갈등은 건강을 해치는 오염원들과 같다. 몸의 건강 관리를 할 때 건강에 해로운 것을 차단하고 이로운 것들을 섭취했을 때 병이 없어졌다. 이처럼 하나의 갈등을 해결했더니 하나의 싸움이 없어졌다.

갈등 해결법은 밥을 하는 것이었다. 나는 현미밥을 먹고, 남편은 백미밥을 먹는다. 밥을 두 솥으로 해야 하는 번거로움 때문에 밥을 할 때마다 갈등이 일어났다. 갈등은 곧 짜증으로 나타났고 싸움으로 이어졌다. 이 갈등을 해결할 수 있는 좋은 방법이 없을까? 이를 타결하는 지혜가 나왔다. 한 솥에다가 현미와 백미를 넣어 밥을 짓는 것이었다. 한 번에 밥을 하면서 갈등을 해결하였다. 이 일로 더 이상의 싸움을 하지 않게 되었다.

갈등과 싸움, 극복을 위해 노력하지 않으면 닥칠 일. 갈등이 싸움으로 이어지면 관계가 나빠진다. 싸움을 피하고는 싶겠지만 자기주장만 내세우는 경우, 피하기는 어렵다. 자신의 이익을 지키기 위해 싸우게 될 때도 있다. 물론 대화와 협력이 본인은 물론 상대방에게도 좋은 줄 안다. 대화와 협력을 하지 않고 어느 한쪽이 양보하지 않으면 싸움이 일어난다. 싸움을 하면 양쪽 모두 큰 상처를 받기 마련이다.

싸움은 생존 기능으로 힘겨루기다. 경제적으로나 신체적, 사회적, 심리적으로 안정되지 못할 때 싸움이 일어난다. 이때 가족으로부터 도태되거나 배척을 당하기도 한다. 낮은 위치와 서열 다툼도 일어난다. 흉을 보거나 뒷담화도 한다. 정서적인 유대감이 없어질 수 있다.

싸움은 신체적인 폭력이 가해지면서 밀기나 때리기 등 몸싸움이 일어난다. 눈을 흘기거나 손가락질을 하거나 기분 나쁘게 웃기도 한다. 물건을 던지거나 무기를 사용하기도 한다. 언어폭력을 가하기도 한다. 소리를 지르거나 야유하고 욕설을 하거나 비아냥거리거나 비꼬기도 한다. 엄포를 놓거나 배은망덕한 말도 한다. 협박이나 비난도 하게 된다.

갈등을 방치하여 싸움이 된 적이 많다. 그중 하나, 나는 무슨 일이든지 몰라서 한다. 누구나가 마찬가지지만 갈등은 가장 가까운 사람에게 일어난다. 거실은 둘만의 공간이자 손님을 모시는 곳으로 사용해왔다. 예전에 우리는 그렇게 살았다. 남편은 예전 같지 않게 거실을 사적인 공간으로 사용한다. 온갖 개인 물품을 놓는다. 손님이라도 오면 지저분해 보인다. 잠시라도 치우자고 하면 유난을 떤다고 역정을 낸다. 거실 공간에 대한 사용이 다르다 보니 갈등이다. 갈등이 해결되지 않으니 싸움으로 이어진다. 제발 좀 개인 물품을 거실에 두지 않기를 바라지만 고치지 않는다. 이 문제로 싸움을 계속할 것이다. 싸우기 싫은데 싸워야 한다. 우리끼리만 살면 그래도 덜하다. 펜션 손님들의 식사 공간이 되기 때문에 갈등이 되는 것이다.

갈등과 싸움은 다르다. 갈등과 싸움은 어떻게 다른가? 갈등은 마음속에 2가지 이상의 욕구가 동시에 일어나면서, 갈피를 못 잡고 괴로워하는 상태를 말한다. 싸움은 갈등으로 인하여 일어나는 행동이다. 사람과 일 사이의 갈등으로 충돌이 일어날 수 있다. 갈등을 방치하면 싸움의 소지도 많아진다. 싸우면 관계가 좋아지는 것보다 나빠지는 경우가 더 많다. 갈등은 욕망과 행동의 근원이다. 갈등을 해결해야 할 이유이다.

7

서로의 편이 되어주자

결혼하면 자동으로 한편이 되는 것이 아닌가? 결혼하는 동시에 부부는 하나가 되어야 한다. 말의 창구와 경제 창구를 하나로 통일해야 한다. 부부는 언제 어디서나 하나의 말과 통장으로 외부와 접촉해야 한다. 상대가 그 누구라도 한 입으로 말하고, 비용 지출도 하나의 창구만 사용해야 한다. 하나의 창구로 통일되려면 한편이 되어야 한다. 한편이 되면 시댁이나 친정에서 일관성 있게 일을 처리할 수 있다. 가정의 경제적인 면에서도 알뜰하게 지출할 수 있다.

남편과 아내가 한편이 되지 않으면 시댁이나 친정에서 각각의 말을 할 수 있다. 비용 지출도 더 될 수 있다. 부부의 의견 충돌은 필연적으로 일어나게 된다. 서로의 편이 되어야 하는 이유이다. 서로 한편이 되었을 때 한 가정이 제대로 가동될 수 있다. 결혼 전에 합의하는 것이 먼저다. 아직 창구가 통일되지 않았다면, 서로의 편이 되는 연습을 한번 해보자.

서로의 편이 되지 않으면 불편한 마음이 따라온다. 또한 서로 힘들어진다. 시댁이나 친정에 가서 각기 말을 할 수 있다. 부모님을 섬기는 데도 불편함이 따른다. 서로 자기의 부모만을 섬기려고 할 수가 있다. 부부의 관계가 원활하지 않을 수 있다. 한편으로 비밀 관계가 형성될 수도 있다. 비밀은 언젠가 알게 되면 부부의 신뢰감이 무너진다. 부부가 한편이 되지 않으면 서로 불편한 마음을 초래한다. 불편함이 이어지다 보면 부부 사이는 멀어질 수 있다. 그러다가 싸움으로 발전하게 된다. 창구를 하나로 운영하지 않으면 많은 문제가 발생한다. 결국 극과 극으로 치달을 수 있다. 한 가정에 창구가 2개로 운영된다면 외부인들을 혼란스럽게 할 수도 있다.

서로의 편이 되지 않아서 마음이 불편했던 적이 있었다. 명절 때, 시댁의 형제들을 만난 자리에서 싸울 뻔한 일이 있었다. 결혼하여 초반과 중반까지도 나는 시댁에서 내 말을 하지 못했다. 착한 아내의 역할을 자처했다. 요즈음은 한 번씩 내 의견을 말한다. 남편은 내가 말하면 가로막는 이상한 버릇이 있다. 내가 곤경에 처해도 한편이 되어야 할 사람이 내 편은커녕, 할 말을 못 하게 막아버린다. 그럴 때마다 속이 터진다. 남 앞이라 참기는 하지만 그 여파는 싸움으로 이어진다. 자기의 형제들 앞에서 권위를 세우려고 그러는 걸까? 누구 앞에서도 싸우지 않겠다고 결심하고 살아온 나, 마음이 흔들리려는 때가 있다. 시댁에서라도 한번 크게 싸우고 싶다. 싸우고 나면 그 문제는 해결된다는 공식을 생각했다. 시댁 식구 앞에서 싸우면 나는 어떻게 될까? 싸워봤자 소용은 없겠지만 내 마음을 참기 어려울 때가 종종 있다.

서로의 편이 되지 않으면 비용 지출이 더 많아진다. 서로 한편이 되지 않으면 창구가 2개로 운영될 수 있다. 2개의 창구가 운영되면 비용 지출은 더 될 수밖에 없다. 서로 각각 마음 가는 대로 선물 등을 할 수 있다. 각각 비용 지출을 하다 보면 비밀도 생기게 된다. 서로의 편이 되지 않으면 가정경제에 구멍이 생길 수 있다. 가정경제의 구멍이 심적으로 편하지 않게 된다. 불편하면 싸움을 하게 된다. 이중 창고의 운영이 단초가 되어 부부는 극한 상황까지 발전할 수 있다.

서로의 편이 되지 않아 비용 지출이 더 되어 불편한 적이 있었다. 신혼 초에 명절에 시댁에 다녀왔다. 비록 시부모님들이 안 계시지만 시형제들에게 섬김의 보따리를 마련해갔다. 잘 다녀왔는데 남편이 시댁으로부터 전화를 받는다. 이상한 느낌이 들어서 물어봤다. 조카에게 별도로 선물을 해주었더니 고맙다는 인사였다. 내가 전체적으로 고르게 신경을 써서 선물했는데, 상의도 없이 별도로 선물했다는 소리를 들으니 기분이 좋지 않았다. 참을까 하다가 계속 이렇게 나가면 곤란할 것 같아서 말을 했다. 그 조카만 특별히 해줘야 할 일이 있냐고 물었다. 그 말에는 대답하지 않고 당장에 화를 낸다. "내 조카인데 내 마음대로 선물도 못 하느냐?"라며 왜 참견을 하냐는 것이었다. 자기 돈으로 했으니 걱정하지 말라고 한다.

참으로 어이가 없었다. 결혼하면 집안 대소사를 의논하여 경제적인 지출을 해야 하지 않나? 한 집에 창구가 2개로 운영되면 이런 일이 발생한다. 투쟁하여 앞으로 별도로 하고 싶을 때는 함께 상의하기로 하였다. '남자들이 다 이런 건지, 남편이 이런 거지.' 넘어야 할 산이 많았다. 남편은 결혼하면 관계 설정을 어떻게 해야 하는지 몰랐던 것이다. 비밀리에 하려 한 것은 아니었다는 말을 믿었다. 그 후 어떤 일이든지 상의하여 처리를 해왔다.

서로의 편이 되는 연습 시간이 필요하다. 갓 결혼을 한 새내기 부부는 모든 것이 어설프다. 부부가 어떻게 편이 되어야 하는지에 대하여 모른다. 서로의 편이 되는 시간이 필요하다고 생각한다. 시댁이나 친정은 물론, 친구 모임, 이웃 사람을 만나는 자리에서 서로의 편이 되어야 한다. 이럴 때를 위하여 연습시간을 가져보는 것이 좋겠다고 생각한다. 각각

자기 부모와 형제들과 긴밀한 관계부터 거리를 두어보자.

결혼하는 동시에 부모들과 형제의 편에서 배우자의 편으로 이동을 해야 한다. 그렇지 않으면 많은 문제들이 발생한다. 이는 가장 기본적인 일로, 가장 우선해야 할 일이다. 친구 모임에 가서도 서로의 편이 되어보자. 이웃집을 가서도 마찬가지이다. 우리 부부 외의 사람들이 우리를 볼 때는 하나로 본다. 한 입에서 두 말이 나오지 않아야 한다. 설사 나와 다른 의견이 나오더라도 거기서는 맞장구를 쳐주어야 한다. 서로의 편이 되는 연습을 하지 않으면 의견 충돌은 불가피하다. 싸움은 계속될 것이다.

서로의 편이 되어주지 않아서 불편한 적이 있다. 이웃집에 함께 갔을 때, 불편한 적이 있었다. 그 집의 주인장과 이야기를 하면서 나의 의견도 말하였다. 내가 말을 하는데 갑자기 남편이 "그게 아니고 이 사람아!" 하고 내 말을 뚝 자른다. 그리고 자기가 잘 안다고 설명을 한다. 이때 내가 얼마나 난처하겠는가. 앞에서 싸울 수도 없기에 참을 수밖에 없었다. 또 안 좋은 감정이 쌓인다. 남편은 내가 위기에 처하더라도 내 편이 되어야 하는데 참으로 서운했다. 서운함보다 부아가 났다. 내 말을 무시하는 전문가 같다. 자기주장이 강한 것은 좋지만 한편이 될 때도 구분 못 하는 것이 못마땅하다. 일일이 가르쳐줄 수도 없고 답답하기 그지없다. 한 입에서 두 말이 나오는 것이 무엇인지를 모르면서, 나를 남 앞에서 수모를 당하게 하는 것이 화가 난다. 집에 오면 당연히 싸움이 된다. 남편은 그래도 자기 말이 옳다고 한다. 부디 거기서 내 말을 자를 이유가 어디 있느냐고 항의를 한다. 말이 먹히지 않는다. 침묵으로 며칠을 보낸다. 지금도 고쳐지지 않는다. 제발 한편이 되는 연습을 좀 하면 좋겠다. 나이가 들어갈수록 더 자기주장이 더 강해지는 것 같다.

서로의 편이 되어주자. 우리는 왜 서로의 편이 되어야 하는가? 결혼하는 동시에 부부는 하나의 창구만 사용해야 한다. 안에서나 밖에서 창구를 하나로 통일해야 한다. 서로의 편이 되지 않으면 불편한 마음이 생긴다. 한 가정에 마음의 창구를 2개로 운영한다면 서로 다른 말을 할 수 있다. 서로의 편이 되지 않으면 서로의 마음이 불편해진다. 서로의 편이 되지 않아 비용 지출이 더 많아서 가정경제에 구멍이 생긴다. 서로의 편이 되는 연습시간이 필요하다. 갓 결혼한 새내기들은 모든 것이 어설프다. 부부가 어떻게 편이 되어야 하는지를 모른다. 서로의 편이 되는 연습이 없어서 불편함을 겪었다. 이웃집에 함께 갔을 때의 일이다. 어떤 사안에 관해 이야기하는데 "그게 아니고 이 사람아!" 하면서 자기가 이러쿵저러쿵 설명한다. 불편한 적이 있었다.

8

나의 최선, 당신의 최선

부부가 해야 할 최선은 어디까지인가? 결혼한 부부들은 누구나 안정적인 가정을 꾸리려고 최선을 다한다. 최선을 다한다는 것이 무색하게도, 우리 사회의 이혼율은 점점 늘어난다. 안타까운 소식을 들을 때마다 '최선이란 무엇일까'에 대해 생각해본다. 부부는 어디까지 최선을 다해야 할지 한번 살펴본다. 요즘 이혼, 남녀 모두의 이혼 사유를 본다. 이혼 사유로 1순위가 성격 차이이고, 2순위로 경제권이라고 한다.

2020년 3월 11일 한국가정법률상담소에서 발표한 '2019년도 상담 통계'를 한번 들여다보자. 이 해에 상담소에서 진행한 이혼 상담은 모두 4,783건이었다. 이중 여성 내담자가 3,435명(71.8%), 남성이 1,348명

(28.2%)이었다. 내담자 연령대를 보면 여성은 40대(27.8%), 남성은 60대 이상(43.5%)이 가장 많았다. 여성은 40대에 이어 50대(26.4%), 60대 이상(25.3%), 30대(16.4%), 20대(4.0%) 순이었다. 남성은 60대 이상 다음으로 50대(24.0%), 40대(19.9%), 30대(11.9%), 20대(0.7%)였다. 이혼 상담 통계는 남녀 지위를 가늠해볼 수 있는 지표가 된다. 우리 사회는 여성의 지위가 남성 지위를 앞지르는 것 같은 보도들이 난무한다. 위의 표에서 보는 바와 같이 여성이 71.8% 상담을 받고자 한다. 남성은 28.2%다. 아직도 여성들의 지위는 요원하다. 이러한 지표를 참고한다면 '부부의 최선은 이혼하지 말자.'

부부는 최선을 위해 경주해보자. 행복은 노력하는 자의 것이다. 행복하기 위하여 결혼한 나와 당신의 생각이 궁금하다. 행복은 저절로 오는 것인가? 행복은 노력으로 얻는가? 나는 행복은 노력으로 얻는다는 생각이다. 당신의 생각은 어떤가.

가정법률상담소에서 발표한 이혼 사유의 시대적 변천사가 눈에 띈다. 1970년대의 이혼 사유는 한국전쟁 및 베트남 전쟁 등으로 생사불명으로 이혼을 하는 경우가 많았다. 1980년대는 남편의 폭력으로 집을 나간 아내의 가출이 이혼 사유를 가장 많이 차지했다. 1990년대에는 남편의 부당한 대우로 인한 이혼을 요구하는 시대였다. 2000년대에는 경제 문제

및 배우자의 부당한 대우, IMF로 인한 경제 문제로 인한 이혼을 하게 되었다. 2010년대에는 성격 차이와 삶의 질과 애정 상실, 대화 단절 등의 추상적이고 입증 어려운 사유, 부모 부양 갈등, 상속 등의 복합적인 이혼 사유가 발생하였다. 2016년에는 성격 차이가 가장 많은 이혼 사유로 나타났다.

부부로서 다한 최선은 어떤 것인가? 이혼이 점점 늘어가는 가운데 우리 부부는 가정을 안정적으로 만들었다. 갈등은 겪었지만 이혼의 위기를 잘 넘겼다. 남편은 가정의 경제적인 면에 어려움이 없도록 기계처럼 일했다. 나도 경제적인 면에 곤란을 당하지 않도록 살림을 잘 꾸렸다. 최근 20년간 60대 이상 이혼 상담 비율을 보면 여성은 1999년 전체 3.5%에 그쳤으나 2009년 5.5%, 2019년에는 25.3%로 7.2배 증가했다. 남성은 1999년 4.8%에서 2009년 12.5%, 2019년 43.5%로 20년 만에 9.1배 늘어났다.

우리 부부는 인간 대 인간으로 살고자 하는 것에 대한 문제였다. 사회적인 이혼 사유로 보면 이러한 문제는 소수인 듯하다. 이 문제는 당장 바뀔 수 있는 것이 아니라서 장기전으로 해결하였다. 우리 부부의 갈등은 가장 많은 이혼 사유처럼 성격 차이는 아니었다. 오히려 성격이 같아서 문제였다. 서로 자기주장이 강한 성격을 가졌기에 문제를 해결하기 어려웠다. 하지만 서로 가정을 지켜야 한다는 일념으로 한 발 양보하면서 최선을 다하여 이겨냈다. 경제관은 서로 같아서 큰 문제는 없었다. 둘이 부모나 형제의 도움 없이 자수성가하였다. 아내와 남편으로서 가정을 안정적으로 만드는 데 최선을 다했다고 생각한다.

자녀로서의 최선은 어떻게 해야 한다고 생각하는가? 요즈음 부부는 양가를 동등하게 섬겨야 한다. 대가족 제도에서 핵가족 시대로 이동하던 때, 요즈음처럼 부모를 동등하게 섬기지 않아도 되었다. 시부모님을 친정 부모보다 더 섬기는 것들을 당연시하던 시대였다. 시댁 섬김이 우선이었고, 친정 부모님 섬김은 그다음이었다. 요즈음 부부들은 양가의 부모님을 용돈도 똑같이 드리면서 동등하게 섬겨야 한다. 시댁의 일원으로 양가의 대소사에 참여하면서 살아가는 것이 최선이다. 명절 때나 경조사에도 참여는 기본이다. 2019년 여성의 이혼 상담 사유로는 '남편의 부당 대우'(폭력)가 1,095건으로 가장 많았다. 다음은 '남편의 외도'(457건), '장기 별거'(423건) 등의 순이었다. 남편의 부당 대우는 물리적인 폭력만이 아니다. 언어적 폭력도 포함한다. 이혼의 사유에 해당하는 일을 만들지 않는 것이 최선이 아닐까?

자녀로서 최선을 다했다고 생각하는 일. 우리 부부는 자녀로서도 최선을 다했다고 자부한다. 양가의 대소사를 챙겨가는 과정에 균형을 유지하려고 애썼다. 섬김의 계획을 세워서 서운하지 않도록 최선을 다한 것이다. 시댁에는 형제들만 계신데도 최선을 다했다. 명절 때나 경조사, 축하의 자리에 빠지지 않고 참석을 했다. 친정의 새어머니한테도 우리의 형편이 허락하는 선에서 최선을 다했다.

우리는 시댁의 형제분들을 부모님 격으로 모시려고 했다. 시댁 조카들에게도 관심을 가지고 성장을 도왔다. 탄생과 백일, 돌잔치, 학교 입학과 졸업 축하, 명절 선물 등을 챙기기도 했다. 시댁 사촌 형님들과 그의 조카들도 챙겼다. 어렵게 지내시는 분들은 수시로 안부 전화를 하면서 특별히 찾아다녔다. 친정에도 우리가 할 수 있는 한 최선을 다했다. 부모님들의 생신이나 명절, 특별한 일이 있을 때 의무를 다하였다. 동생들이나 조카들까지 챙겼다. 친정의 고모님들도 찾아뵈었다. 고종사촌들에게 안부 전화를 하면서 경조사에 참여하였다.

부모가 자녀에게 최선을 다해야 하는 부분은? 부모는 사랑의 결실로 얻은 자녀들의 성장을 도와야 한다. 자녀들이 성장해서 새로 가정을 꾸밀 때까지 보살펴주어야 한다. 신체적인 성장은 물론 정신적인 성장도 함께 도와주어야 한다. 사회적인 활동과 인간관계를 잘할 수 있도록 도와주어야 한다. 또한, 마음 관리와 자기 관리, 시간 관리, 건강 관리를 잘할 수 있도록 도와주어야 한다. 한 인간으로 독립해서 살아갈 수 있도록 모든 면에서 뒷받침을 잘해주어야 한다.

신체적 성장을 도와주어야 한다. 부모는 자녀들이 생활하는 데 불편함이 없도록 먹을 것과 입을 것, 잠자는 것 등의 필요한 것들을 채워줘야 한다. 또한 경제활동 및 경제 관리를 잘할 수 있도록 경제관도 잘 심어줘야 한다.

정신적 성장을 도와주어야 한다. 부모는 자녀가 공부할 방법과 독서를 하며 살아갈 수 있도록 가르쳐야 한다.

영적 성장을 도와주어야 한다. 부모는 자녀들이 하고 싶은 일을 하며 살 수 있도록 해주면서, 자유로운 생활, 여유를 즐기는 생활, 자신을 돌아볼 줄 아는 사람이 되게 해줘야 한다.

사회생활을 잘할 수 있도록 도와주어야 한다. 부모는 자녀들이 인간관계를 잘할 수 있도록 도와주어야 한다. 직장에서나 친구와의 관계를 원활하게 할 수 있도록 도와주어야 한다.

가정을 잘 꾸릴 수 있도록 도와주어야 한다. 부모는 자녀들이 부모를 섬기는 법과 위아래 사람을 알아볼 수 있도록 가르쳐야 한다. 그리고 가족이나 친척들의 유대관계를 잘하도록 가르쳐야 한다. 또한 독립적으로 살아갈 수 있도록 가르쳐야 한다.

자기 관리를 잘할 수 있도록 도와주어야 한다. 부모는 자녀들이 일상생활을 잘할 수 있도록 마음 관리와 시간 관리, 건강 관리 등의 관리도 잘할 수 있도록 가르쳐야 한다.

우리 부부는 부모들의 이혼으로 자녀들이 어려움을 당하지 않도록 노력을 하였다. 우리 부부는 아이들을 낳아 성장에 따라 필요한 부분을 잘 채워주려고 노력했다. 신체적인 성장은 물론 지적 성장, 영적 성장, 사회적 성장, 심리적 성장을 도왔다. 모든 성장의 균형이 잘 이루어지도록 살펴주었다. 따라서 가정생활 및 인간관계, 자기 관리를 잘할 수 있도록 최선을 다하여 도왔다.

나의 최선, 당신의 최선. 결혼한 부부들은 누구나가 행복한 가정을 꾸리려고 한다. 점점 이혼이 늘어난다는 안타까운 소식이 들려올수록 부부로서의 최선을 다해야 한다. 행복한 가정은 노력으로 얻을 수 있다. 요즈음 부부는 양가를 동등하게 섬겨가면서, 자녀를 낳아 양육도 하고, 독립된 가정으로 살아내야 하는 과제를 안고 있다. 부모는 자녀가 성장해서 새로 가정을 꾸밀 때까지 보살펴야 한다. 행복한 가정을 이루는 지상 과제를 이루는 데 최선을 다해야 한다. 최선의 노력은 아름답다. 나의 최선, 당신의 최선.

4 장

상처뿐인 결혼생활을
회복하는 기술 8가지

1

양가로부터 독립하라

양가로부터 독립해야 하는 이유는 무엇일까? 부모님에게 기대어 살면 편한데 굳이 독립해야 할까? 부부는 결혼식장에서 성혼서약을 맺는 순간부터 부모와의 결별을 선언해야 한다. 결별을 선언한다고 해서 부모님을 섬기지 말아야 한다는 것이 아니다. 둘이 하나가 되어 부모님을 섬겨야 한다는 뜻이다. 둘이 하나 되어 부모님을 섬길 때 비로소 온전한 부모님 섬김이 되는 것이다. 부모님으로부터의 독립은 정신적인 면과 경제적인 면이 함께 이루어져야 한다. 양가의 부모님으로부터 독립은 빠를수록 좋다.

여러 가지 사유로 부모님으로부터 독립을 미루는 경우가 있는데 서둘

러야 한다. 부부가 독립하지 않으면 부모님의 간섭을 받게 된다. 당신들이 해주어야 할 일로 생각을 한다. 남편과 아내는 양가의 부모님의 도움부터 거절할 줄 알아야 한다. 부부 간에 문제가 생기면 쪼르르 부모님에게 달려가는 일은 하지 말아야 한다. 자신들의 문제는 스스로 해결하는 힘을 길러야 한다. 또한 경제적인 도움도 거절해야 한다. 우리 한국 사회에서 부모님은 자식을 죽을 때까지 책임을 져야 하는 존재로 알고 있는 분들이 많다.

양가로부터 정신적인 독립을 빠르게 하는 비결. 부모님들에게 가장 빨리 독립하는 비결은 부모님의 의견을 물어서 행하는 것이다. 그 후에 차차로 자기들만의 방식대로 하는 것이다. 갓 결혼한 부부는 갓 태어난 아이와 같다. 갓 태어난 아이는 자신이 혼자서 일어서 보려고 노력을 많이 한다. 갓 결혼한 부부도 아이와 같이 스스로 노력을 많이 한다. 부모들은 아이를 보살펴주듯이 자녀들이 새로운 가정을 꾸밀 수 있도록 보살펴준다. 옛 부부와는 다르게 요즈음 부부는 자기들이 결혼식에 대한 준비도 잘한다. 예식장을 잡고 예물을 준비하고 신혼살림 장만을 하는 일 등을 잘한다.

하지만 양가의 부모님을 섬기는 일부터 집안 경조사, 인맥 관계 등을 어떻게 하여야 하는지는 모른다. 이때 부모님의 조언을 구할 필요가 있다. 부모님의 의견을 듣지 않고 부부의 생각만으로 하다 보면 문제가 발생한다. 어찌 보면 자기들 생각대로 하는 것이 독립하기에 빠른 것 같지만 그렇지 않다. 부모님의 마음에 차지 않으면 부모님으로부터 독립하기가 쉽지 않다. 결혼하면 가장 먼저 해야 할 일이 마음 독립이다. 살아온 부모님의 지혜를 구하는 것이 지름길이다.

양가로부터 정신적인 독립을 일찍 하였다. 교회를 다닐 적에 새겨진 성경 구절이 있다. "이러므로 남자가 부모를 떠나 그의 아내와 합하여 둘이 한 몸을 이룰지로다."(창 2:24). "네 부모를 공경하라 그리하면 네 하나님 여호와가 네게 준 땅에서 네 생명이 길리라."(출 20:12). 바로 이 대목이다. 그 말이 결혼생활을 하면서 마음에 와닿았다. 남편도 교회를 다니고 있었기에 같은 생각이려니 했는데, 그게 아니어서 당황했다.

나는 처음에는 시댁의 풍습을 익혔다. 집안 경조사는 시댁이나 친정에서 하는 대로 따라 했다. 이후 우리만의 형편에 맞는 전략을 짰다. 명절에 시댁이나 친정에 갈 때는 명절 계획서를 작성했다. 우리의 형편에 따라 시댁과 친정에 균형을 잃지 않게 선물을 마련하기로 하였다. 1차로 계획을 세워서 남편에게 보여준다. 혹시 불균형이 되지는 않았는지 살펴보라고 했다. 시댁은 형제들만 계시지만 친정의 부모님보다 더 준비했다. 머무는 시간도 고르게 배정을 하였다. 5남매의 형제분들 중 우리 빼고 4

남매분들에게 고르게 준비를 했다. 엽서에 글도 적어서 조카들까지 모두 신경을 썼다. 남편은 자기 식구들을 더 높이 대하는 데 대해 불만이 있을 수 없었다.

양가로부터 경제적인 독립을 빠르게 하는 비결. 정신적인 독립은 물론 경제적인 독립도 일찍 해야 한다. 우리는 결혼을 할 때 집을 마련하거나 전세를 구하거나 월세를 구하여 시작한다. 대가족 제도에서의 부부는 별도의 집이 필요하지 않아서 집을 구할 걱정은 없었다. 요즈음 부부들은 별도의 집에서 살아야 하기에 어떤 형태든지 집을 구한다. 지방마다 풍습이 다르기는 하지만 대게는 남자가 집을 마련한다. 형편이 되는 부모님은 집을 구해주시거나 일부 보태주기도 한다. 그 안에 채워지는 가구나 살림 도구들은 여자의 몫이다. 요즈음 부부는 현명하게도 전세나 월세로 살아야 할 경우, 살림 장만할 비용으로 집을 먼저 구하는 데 보태기도 한다. 살림 장만은 살아가면서 해도 된다는 지혜를 발휘하고 있다. 차차 채워가는 기쁨을 누리기도 한다.

드물게는 부모님과 같이 사는 경우도 있다. 이 경우에는 부모님께 의지하여 경제적인 독립이 미루어지기도 한다. 하지만 경제적인 창구는 분리해야 한다. 부모님을 의지한다고 해서 경제적으로 분리하지 않으면 늦어질 수 있다. 분리가 늦을수록 부모님과 부부 간에 어려움이 가중될 수 있다. 결혼과 더불어 부부는 독립가정이라는 것을 잊지 말아야 한다.

양가로부터 경제적인 독립을 일찍 하였다. 우리는 결혼 전에 남편이 외국에서 벌어온 돈으로 집을 먼저 샀다. 시댁이나 친정으로부터 땡전 한 푼 도움을 받지 않고 집을 마련하였다. 당시만 해도 우리들 수준에서는 전세를 얻어 사는 것이 보편적이었다. 집을 사서 시작하는 경우는 드물었다. 우리는 집 없는 설움은 당하지 않고 살았다. 부모님으로부터 도움을 받지 않고 당당하게 살아갔다. 양가로부터 돈을 꾸어달라는 말도 해보지 않았다. 남편이 벌어온 돈에서 규모 있게 알뜰하게 살림을 했기 때문이다. 우리는 양가로부터 경제적인 독립을 빠르게 했다. 결혼하면 부모를 떠나 둘이 연합하여 부모님을 섬기라는 성경 말씀이 힘이 되었다. 이 말씀은 경제적인 독립을 빨리 하게 하는 촉진제가 되었다. 너무 힘들 때는 기대고 싶었으나, 기댈 수 없는 상황이라 기대를 접었다. 양가로부터 경제적인 독립을 가장 빠르게 하는 방법은 빨리 부모를 떠나는 것이었다.

양가로부터 빨리 떠나면 자유도 빨리 온다. 양가로부터 빨리 독립하면 자유도 빨리 와서 좋다. 부모에게 기대는 것이 일시적으로 좋기는 하지만, 독립을 늦추기도 한다. 정신적인 면이나 경제적인 면에서의 독립은 자유를 얻는 것이다. 자녀가 독립하면 부모님이 보시기에도 좋다. 부모님 자신들도 부담이 적어지니 말이다. 자칫 부모님께 기대다가 불편한 관계가 생길 수도 있다.

부모님으로부터 도움을 받는 경우, 대개는 사업을 하면서 부모님께 돈을 융통해서 쓰는데 사업이 잘되어 갚으면 다행이지만 갚지 못하는 경우가 생긴다. 사람은 누구나 돈을 갚지 않으면 싫어한다. 부모도 사람이다. 자기의 돈을 자녀에게 주고, 받지 않으려는 부모는 없을 것이다. 이런 경우는 너무도 많다. 자녀들의 욕망에 따라 부모님의 삶까지 엉망을 만들어버리게 된다. 부모님을 떠나란 말은 정신적인 면이나 경제적인 면 모두를 이르는 것이다. 일단 부모를 떠나서 자기들이 이룬 것으로 섬기라는 말이다. 애초에 부모님에게 손을 벌리려는 생각부터 접어야 한다. 부모님을 떠나면 영원한 자유인이 된다.

양가로부터 빨리 떠나 자유도 빨리 누렸다. 우리는 환경적으로 부모님을 의지할 수 없어서 더 빨라질 수 있었다. 비빌 언덕이 없다고 슬퍼했던 지난날이 있었지만, 이제는 슬프지 않다. '만약에 비빌 언덕이 있었다면 그래도 기대려고 하지 않았을까.'라는 생각을 해본다. 부모님을 빨리 떠나다 보니 자유인이 되는 것도 빨랐다. 누구에게도 도움을 받지 않으니 부담이 없었다. 우리의 형편대로 떳떳하게 섬기면서 살았다. 경조사가 발생하더라도 많게 하든 적게 하든 불만을 느끼는 이가 없었다. 양가의 누구도 도움을 주지 않았으니 받으려고 기대하지도 않았다.

오히려 결혼 전에 남편이 진 사랑의 빚을 갚았다. 남편은 부친을 6살 때 여의고 형제들과 함께 자랐다. 형님들이 동생은 공부하라고 일을 시키지 않았단다. 부모님처럼 동생을 대해주었다고 한다. 원하는 만큼의 학교를 보내주지는 않았지만, 집안에서는 가장 많이 배운 사람이었다. 그 은혜로 형님들에게 어려움이 닥쳤을 때 일부 마음의 표시를 하였다.

양가로부터 독립하라. 양가로부터 독립해야 하는 이유는 무엇일까? 부모님에게 기대어 살면 편한데 굳이 독립해야 할까? 부부는 결혼식장에서 성혼서약을 하는 순간부터 부모와의 결별을 선언해야 한다. 부모님으로부터 가장 빨리 독립하는 비결은 부모님의 의견을 물어서 행하다가 차차 자기들만의 방식대로 하면 된다. 교회를 다닐 적에 자녀가 결혼하면 부모를 떠나 둘이 연합하여 부모님을 섬겨야 한다는 성경 구절이 마음에 남아 있다. 양가로부터 정신적인 독립이나 경제적 독립을 하되, 일찍 하는 것이 좋다. 양가로부터 일찍 독립하면 할수록 자유를 누리는 시간도 빨라진다.

2

공동 목표를 세워라

우리, 결혼하면서 공동 목표 먼저 세워볼까요? 공동 목표를 어떻게 세울까? 막상 세우려고 하니 막막하지요? 막막할 때는 육하원칙으로 해보는 것이 좋다. 육하원칙에 대한 질문을 한번 만들어보자. 예를 들어 다음과 같다.

- 우리 부부의 이름은?
- 우리 부부는 언제부터 공동 목표를 세워볼 것인가?
- 우리 부부는 어떤 집에서 살 것인가?
- 우리 부부가 하고 싶은 것은 무엇인가?
- 우리 부부는 왜 그것을 하고 싶은가?

– 우리 부부의 공동 목표를 어떻게 세울 것인가?

질문에 대한 답이 나오면 그림을 그려보자. 그림을 그리는 날을 한번 잡으면 좋을 것이다. 이날을 부부 연수라 해도 좋을 것이다. 연수는 어디 기업이나 공공기관에서만 하라는 법이 있나? 우리 부부도 한번 해보는 것이다. 결혼생활을 하면서 공동 목표를 먼저 세우고 하는 것과 공동 목표를 세우지 않고 하는 것의 차이를 한번 상상해보시라. 비교할 수 없이 행복한 부부생활이 될 것이다.

결혼은 신이 인간에게 내린 가장 큰 축복이다. 신은 결혼이라는 선물과 함께 자녀까지 선물로 주었다. 신은 부부가 행복하게 살기를 바란다. 가장 귀한 것을 선물하는 사람의 마음과 같다. 신은 왜 결혼이라는 선물을 주었을까? 인간은 혼자서는 살아갈 수 없도록 만들어진 신의 창조물이기 때문이다.

공동 목표를 세워야 하는 이유. 왜 우리 부부는 공동 목표를 세워야 하는지 한번 생각해보자. 결혼한 부부는 책임과 의무를 함께 지는 사이가 되었기 때문이다. 연애하는 사이라면 책임과 의무감이 없기 때문에 공동 목표가 없어도 된다. 연애도 아닌 간섭마저 사양하는 남녀로만 만나는 사이라면 더욱이 공동 목표는 필요하지 않다.

전문가들은 결혼한 부부에게 공동 목표를 정하는 것이 좋겠다는 제안을 한다. 공동 목표를 정할 때 9가지에 따라 해보라고 한다. 첫 번째, 부부를 중심으로 정기적인 회의를 하라. 두 번째, 부부 간에도 서로 존칭어를 사용하라. 세 번째, 하루에 한 번씩 칭찬하라. 네 번째, 가사를 공동 분담하라. 다섯 번째, 하루 한 번 이상 안부 문자라도 주고받아라. 여섯 번째, 부부 간에 싸움했을 때도 꼭 사과하라. 일곱 번째, 부부 싸움 후 하루를 넘기지 마라. 여덟 번째, 부부 간에 함께 할 수 있는 운동이나 취미를 가져라. 아홉 번째, 고민이 있으면 함께 상의하라.

행복한 친구네의 공동 목표. 전문가의 조언에 충실한 한 친구네가 있다. 이 친구네는 가정의 화목을 위하여 정기적으로 회의를 한다고 한다. 정기회의를 통하여 '부부 간에 서로 존칭어를 사용하자, 하루에 한 번씩 칭찬하자, 가사는 공동으로 분담하자, 하루에 한 번씩 문자로 인사하자, 싸운 후에는 하루를 넘기지 않고 꼭 사과하자, 운동을 같이하자, 고민이 있으면 꼭 나누자.' 등의 규정을 만들었다고 한다.

문제는 실천이다. 연애 시절에는 서로 반말을 사용하다가 결혼 후에는 존칭어를 사용하기로 했단다. 존칭어를 사용하여 좋은 점은 반말할 때보다는 어려워서 조심을 하게 되더란다. 하루에 한 번씩 칭찬을 꼭 한다고 하는데 처음에는 어색했지만 지금은 자연스럽다고 한다. 가사 공동 분담은 기본으로 한다고 한다. 멀리 갔을 때도 하루 한 번 이상은 안부 문자를 주고받는다고 한다. 부부 간에 싸웠을 때도 꼭 사과한다고 한다. 싸운 후 하루를 넘기지 않는 것이 원칙이라고 한다. 이 부부는 운동하는 취미가 같아서 늘 같이 운동한다. 늘 함께하다 보니 별도로 데이트는 하지 않는다고 한다. 고민이 있으면 누구보다 먼저 부부끼리 상의를 한다고 한다. 이 부부는 서로의 사생활이 존재하지 않는다. 늘 상대를 배려하면서 산다. 이 부부가 부럽다. 이 친구는 늘 긍정적이다. 남편도 긍정적이어서 싸울 일이 없다고 한다.

어떤 부부가 되고 싶은가? 결혼하고 먼저 할 일은 '어떤 부부가 될 것인가?'에 대한 질문을 해보는 것이다. 행복을 원하는 부부에게는 계획이 있어야 한다. 부부는 어떤 것으로 행복을 느낄 수 있을까? 여행을 다니면 행복할 것 같다는 생각이라면 여행을 가기로 하는 것이다. 1년에 몇 번 정도 어디로 갈 것인지를 정하면 좋겠다. 여행을 즐기기 위해서는 가정이 우선 잘 운영되어야 한다. 좀 더 치밀하게 재정을 관리하거나 가사 노동 시간 분담을 잘하여야 한다. 식사 및 집안 청소, 장보기, 쇼핑을 규모 있게 할 수 있는 공동 목표가 있어야 한다. 또한, 시댁이나 친정을 섬기는 일을 소홀히 해서도 안 된다. 경조사 및 생일, 결혼, 입학, 졸업, 집들이, 병문안을 어떻게 할 것인지 머리를 맞대고 생각해야 한다. 행복을 채우기 위해 여행을 계획하되 부부 여행은 물론 나 홀로 여행, 가족 여행

등 다양하게 계획하면 좋을 것이다. 때로는 자기계발 및 취미를 잘할 수 있도록 지원도 해주어야 한다. 서로의 시간 관리도 잘하여야 한다. 원하는 것을 하며 사는 부부, 얼마나 멋있는가.

행복한 부부생활을 위한 건강 비법. 건강 차원에서 우리는 아침 단식을 같이하는 공동 목표를 시행하고 있다. 결혼생활이 행복하려면 우선 건강 먼저 챙겨야 한다. 나는 결혼하면서 건강이 좋지 않았다. 20여 년을 힘들게 살다가 건강 비법을 찾아냈다. 65세인 나는 새벽 2시경부터 활동을 하며 건강하게 살고 있다. 건강 비법은 독소 제거와 자연 채식, 운동이다. 독소 제거하는 데는 단식이 최고다. 건강 관리를 시작하면서 몸속의 독소나 노폐물을 제거해내지 않으면 건강해질 수 없다는 것을 알았다. 독소는 우리 몸속의 피의 흐름을 방해한다.

현대 의학이나 자연 의학의 최대의 관건은 피를 맑게 하는 것이었다. 피를 맑게 하는 것 중 단식이 최고로 효과가 좋다고 생각한다. 나는 17년째 아침 단식을 한다. 그리고 수시로 1일 단식부터 25일까지 단식한다. 힘 안 들이고 단식을 하겠다? 이는 어불성설이다. 단식하지 않고 운동만으로 건강해질 것이라는 착각을 벗어버려야 한다. 자연 채식은 우리 몸을 정화한다. 오염된 음식을 먹으면 몸속에 독소가 쌓인다. 오염된 음식을 섭취하면 단식을 또 하면 된다. 운동을 더 하면 된다. 그러나 이중으로 고생할 일이 무엇이란 말인가. 애당초 식습관을 들이면 된다. 그리고 운동을 하는 것이다. 가장 효과적인 운동은 사지를 동시에 움직이는 운동이다.

공동 목표로 가정 나침반을 만들면 어떨까요? 결혼 후에는 어떤 목표가 있어야 할까. 공동의 목표가 있어야 한다고 생각한다. 정신적인 면에서의 공동 목표가 반드시 있어야 한다. 부부의 연을 맺고 사는 사람들은 적당히 자기 식을 상대에게 요구하면서 살고 있다. 내가 생각하는 것을 상대도 알고 있다고 생각한다. 서로 의견 충돌이 나는 것은 명확하지 않은 의사 전달 때문이다. 가정 나침반을 만들면 어떨까?

부부끼리 평생 살아갈 나침반을 만들면 좋겠다는 생각이다. 규칙이 있어야 한다고 생각하는 것은, 명확하지 않은 자기만의 생각들로 갈등을 겪는 일이 많기 때문이다. 갈등에 자기주장이 강하다 보면 싸우게 된다. 최소한의 공동 규칙을 정해 놓으면 객관적인 판단을 하지 않을까?

우리 부부에게는 묵시적인 가정 나침반이 생겼다. 애초부터 가정 나침반이란 것이 있으면 좋았을 테지만 미처 생각하지 못했다. 살다 보니 눈치가 100단이 되었다. 어느 시점에서 어떤 말을 할 것이라는 예측은 정확하다. 우리 부부의 묵시적인 나침판은 아래와 같다.

서로 상대의 눈치를 봐가면서 이야기를 건다. 남편은 빨래와 청소를 하고, 아내는 밥을 한다. 수시로 카톡을 주고받는다. 자신이 잘못한 일은 먼저 사과한다. 서로 하고자 하는 일을 하도록 지원한다. 서로 필요를 느낄 때 데이트를 신청한다. 고민이 있을 때 털어놓는다. 서로의 사생활을 존중해준다. 거실에서 TV를 볼 때 소리를 조절한다. 자기계발을 위해 독서 및 글쓰기를 지원한다. 건강을 위하여 아침 단식을 한다. 가능한 좋은 재료로 요리를 한다. 긍정적인 언어를 사용하려고 노력한다.

공동 목표를 어떻게 세울까? 막상 세우려고 하니 막막한가? 막막할 때는 육하원칙으로 해보자. 부부가 어떤 공동 목표를 세워야 하는지 한번 생각해보자. 결혼한 부부는 책임과 의무를 함께 지는 사이가 되었다. 어떤 부부가 되고 싶은가? 결혼하고 먼저 할 일은 '어떤 부부가 될 것인가?'에 대한 질문을 해보는 것이다. 행복을 원하는 부부에게는 계획이 있어야 한다. 공동 목표로 가정 나침반을 만들면 어떤가? 결혼 후에는 어떤 목표가 있어야 할까? 이제 가정도 경영시대, 경영을 하려면 계획서가 있어야 한다. 공동의 목표가 있어야 한다고 생각한다. 공동 목표를 세우기 위하여 정기적인 회의를 하고 부부 연수의 날을 정해보는 것이다.

3

착각의 껍질을 벗겨내라

남들도 다 그렇게 산다는 착각. 우리는 알게 모르게 많은 착각을 하며 산다. 남들이 다 한다는 착각이 나에게도 착각이 되게 한다. 모든 사람이 그렇게들 살아간다. 우리도 남들처럼 살아야 할까? 착각의 껍질을 벗어 버리고 살 방법을 찾아보자. 남편과 아내의 착각은 어떤 것이 있을까?

우리 부부 간에는 말하지 않아도 배우자가 알 것이라는 착각을 하며 살아간다. 배우자는 서로 말하지 않아도 알아서 해줘야지 하는 마음이 있다. 남편은 아내가 알아서 해주지 않으면 화를 낸다. 아내는 남편이 알아서 해주지 않으면 토라진다. 서로 자신에 대한 배려가 없다고 생각한다. 자신이 거절당하고 같은 생각을 하게 된다. 자기의 감정을 표현하지 못한다는 생각을 하지 않는다. 착각 때문에 화를 내거나 토라지다가 안 되면, 회피하여 숨어버린다. 우리는 이런 착각 때문에 오해하면서 산다. 남편과 아내의 착각이 각각 다르다. 착각의 껍질을 한번 벗겨보자.

아내의 착각. 아내가 남편에게 갖는 착각은 친정에 대한 것이다. 친정에 "무슨 일이 있으면 알아서 해줘야지?", "말하지 않아도 알아서 해줘야 하는 것 아니야?" 대략 이런 것들이다. 이때 남편은 "말을 하지 않는데 어찌 알아?"라고 한다. 그러면 아내는 "그것도 몰라?" 하면서 감정이 대립하기 시작한다. 우리네 부부의 착각은 흔히 이러하다. 결혼 초기에는 그런 대로 넘어간다. 점차 말하지 않아도 알 것이라는 착각은 문제로 대두된다. 감정이 좋을 때는 문제로까지 커지지는 않는다. 반면에 감정이 불편할 때는 착각의 껍질을 깨라는 소리가 요란하다. 아내는 착각의 껍질을 쓰고 남편이 알아서 해주기만을 바란다.

아내에게는 자신이 시댁에 하는 만큼 남편에게 기대하는 것이 있다. 친정에 해주었으면 하는 것들을 해달라고 요구하면 될 텐데 왜 그럴까? 아내는 치사한 생각이 든다는 것이다. 아내는 시댁에 성심성의껏 다하면, 친정에도 알아서 해주어야 한다는 생각이다. 아내가 예쁘면 처갓집 말뚝에다 절한다고 하는 말이 무색하다. 서운하기 그지없다. 시댁에 잘 해주고 싶은 생각이 없어진다.

아내가 쓰고 있던 착각의 껍질. 남편은 왜 친정 일에 신경을 쓰지 않지? 서운한 일이 하나둘이 아니다. 한두 해 감정이 쌓여갔다. 친정에 신경 쓰지 않는 것에 대한 불편함을 직접 말하지 않는다. 우회해서 다른 일들에 대해 불평이 늘어난다. 진짜 원하는 것을 요구하지 않고, 다른 문제로 토라진다. 직접 해달라고 말하는 것은 자존심이 상하는 일로 여긴다. 어찌 그걸 말을 하나. 치사하다고 생각했다. 싸움이 잦아든다. 싸움하다 보면 결국 들통이 난다. 남편은 그제야 "말을 하지."라고 한다. 그걸 말해야 아나?

아내는 스스로 착각의 껍질을 벗기기 시작한다. 나는 그렇게 자기 가족을 섬기는데 자기도 알아서 섬겨야 하는 것 아니냐고 따졌다. 남편은 말을 해야지 어떻게 아느냐고 한다. 남편의 부모님과 사회는 무엇을 했나. 여자에게만 시댁을 섬기라는 부모와 사회를 원망한다. 이건 남편의 잘못이 아니다. 그 부모와 사회의 잘못이다. 속으로 백 번, 천 번 가슴을 친다. 착각의 껍질을 쓰고 있었던 자신을 발견한다. 남편이 알아서 해줄 것이라는 착각이 드디어 벗겨졌다.

남편이 쓰고 있는 착각의 껍질. 남편의 착각은 어떤 것이 있을까? 가부장적인 사고를 하는 남자일수록 착각의 껍질이 두껍다. 남편도 아내처럼 착각의 껍질을 쓰고 있다. 가부장적 사고를 하는 남자들 대부분은, 내 부모 형제들에게 '자기 마음처럼 해주겠지?' 하고 기대한다. 그러다가 아내가 자기 기대에 미치지 못하면 불평한다. 남편에게 불평이 하나둘씩 쌓이면 아내를 원망한다. 원망을 넘어서 아내에게 화를 낸다. 아내는 화내는 영문을 모른다며 말을 하라고 한다.

그제야 남편은 착각의 껍질들을 하나씩 꺼내놓는다. 남편의 기대는 자기 부모 형제에게 자기의 생각만큼 해주기를 바라는 것이었다. 남편은 아내에게 말을 하지 않아도 알아서 해주어야 한다는 것이다. 남편의 불평이 늘어난다. 아내는 항변한다. "자기는 내 부모 형제들에게 무엇을 해주었는데 그렇게 바라는 거야? 내가 친정에 위신을 세우느라 감추고 살아가는데 그런 말을 하는 거야? 내가 할 일이 있고 당신이 할 일이 있는데 그런 기대를 하느냐?" 이렇게 역공을 당한다. 남편은 가관이다. 아내에게 한마디 더 한다. "자기는 집사람, 나는 바깥사람 아니야? 자기가 알아서 다 하는 것 아니야? 내가 왜 처갓집을 신경 써야 해?" 아내는 잘됐다 싶어서 남편에게 선포한다. 앞으로 내 맘대로 친정에 할 것이다. 남편은 아내에게 말하지 않아도 해줄 것이라는 착각을 했던 것이다.

남편의 착각의 껍질. 아는 동생네 부부의 이야기가 갑자기 생각난다. 그 동생이 남편 때문에 속이 상해서 죽겠다고 하소연을 한다. 왜 그러느냐고 하니까 남편이 자기에게 이유를 밝히지도 않고 화를 낸단다. 왜 그러냐고 하면, 그걸 내 입으로 말해야 하느냐고 화를 낸단다. 다른 사람들과 같이 말을 한단다. 정말 몰라서 그러냐며 화를 낸단다. 그 동생이 "말을 해야 알지 어떻게 아느냐?"고 해도 화만 낸단다. 결국 싸움을 하고 말았는데 남편이 화를 낸 이유는, 결혼 전에 신세 진 누님에게 도움을 주고 싶은데 알아서 해주기를 바란다는 것이었다. 그 동생은 결혼 전의 일을 결혼 후에 말하는 남편에게 화가 나더란다. 그 동생과 그 남편의 사고가 다른 것이었다. 그 동생은 자기들 살기도 어려운데 남편의 요구에 힘들다고 한다. 누님이 요구하는 것도 아닌데 빚진 것을 갚아야 하는 부담을 가진 남편에게 화가 난단다. 알아서 해주기를 바라는 남편에게 어떻게 해야 할지 모르겠다며 힘들어했다.

착각의 껍질을 벗기는 간단한 방법. 모든 부부는 서로 다른 착각의 껍질을 쓰고 살고 있다. 부부가 쓰고 있는 착각의 껍질을 벗기는 간단한 방법은 무엇일까? 착각의 껍질을 벗기는 아주 쉬운 방법이 있다. 부부는 상대의 배우자에게 잘하면 된다. 서로 내 친가처럼 하면 될 일이다. 이보다 더 쉬운 방법은 없다고 생각한다. 결혼하면 자기 친가의 품을 떠나 객관적으로 가정을 운영하여야 한다. 이 운영 방식은 결혼 초에 도입해야 한다. 누구나 자기 본가에 무엇 하나라도 더 해주려는 마음이 있다. 그러다 보면 왜 당신의 가족에게 더 하느냐며 심리적으로 밀고 당기기를 한다. 그때 서로 가족을 바꾸어 대하면 된다. 아내는 시댁 일에 신경을 쓰고 있으니, 남편은 처갓집 일에 신경을 쓰면 좋겠다. 그러면 가정이 편안해질 것이다. 남편은 이럴 때 어떻게 하면 좋을까? 시댁에 일이 있을 때 미리 이야기하고 논의를 한다. 남편은 합의된 일을 아내에게 부탁하면 된다. 아내가 불편해하는 것은 남편이 상의 없이 마음대로 하는 것이다. 아내가 어찌 남편의 마음을 알겠는가? 아내가 어찌 남편의 부모 형제자매들의 마음을 헤아릴 수 있겠는가. 착각의 껍질은 간단하게 벗겨낼 수 있다. 한 번 해서 안 되면 2~3번 될 때까지 하는 것이다. '알아서 해주겠지?' 그건 착각이다. 착각의 껍질을 벗기려면 원하는 것을 요구해야 한다.

착각의 껍질을 간단하게 벗겨냈다. 우리 부부는 착각의 껍질을 간단하게 벗겨냈다. 남편이 자기 마음대로 자기 친가에 무엇인가를 해주는 사건이 있었다. 그 이후 우리 서로 이렇게 해보자고 제안했다. 신혼 초에는 상당히 민감한 사항이다. 우리 남편은 자기 식구에게 자기 마음대로 하면 된다는 가부장적인 착각을 하고 있었다. 그러면 결혼은 왜 했는가? 아내는 무엇을 해야 하는가? 가정경제는 어떻게 될까? 등등의 답은 서로 본가에 상대적으로 잘해주는 것이었다. 우리는 전화를 바꾸어서 하기로 했다. 남편이 자기 형제들에게 전화하던 것을 내가 하고, 내 부모님께는 남편이 전화하자고 했다. 용돈 드리는 문제며, 경조사 등도 상대에게 할 수 있도록 하였다. 내 친가에 가면 남편이 하고, 남편의 친가에 가면 내가 했다. 착각의 껍질을 벗기는 일은 의외로 간단했다. 서로 본가에 해야 할 것을 미리 귀띔하도록 했다. 그렇게 하니 감정에 치우치지 않고 중심을 잡고 가정이 안정적으로 운영이 되었다.

착각의 껍질을 벗겨라. 착각의 껍질을 벗기는 간단한 방법이 있다. 우리는 알게 모르게 많은 착각을 하며 산다. 남들이 다 하는 착각은 나의 착각이 된다. 아내와 남편 모두가 착각의 껍질을 쓰고 산다. 아내가 남편에게 갖는 착각은 친정에 대한 것이다. 남편의 착각은 어떤 것이 있을까? 가부장적인 사고를 하는 남자일수록 착각의 껍질이 두껍다. 남편도 아내처럼 착각의 껍질을 쓰고 있다. 남편은 자기 친가에 소소한 것까지 챙겨줄 것이라는 착각의 껍질을 쓰고 있다. 모든 부부는 서로가 다른 착각의 껍질을 쓰고 살아간다. 부부들이 쓰고 있는 착각의 껍질을 벗기는 방법이 있을까? 착각의 껍질을 벗기는 아주 쉬운 방법이 있다. 부부는 상대의 배우자에게 잘하면 된다. 서로 내 본가처럼 하면 될 일이다. 착각의 껍질을 벗겨야 한다. 착각의 껍질을 벗겨내면 부부의 삶이 편안해진다.

4

불화의 원인을 제거하라

이혼보다 더 무서운 가정불화, 어떻게 그 원인을 제거할까? 우리네 부부는 불화로, 사이좋게 지내지 못하는 모습을 아이들에게 보일 때가 있다. 아이들에게 민망할 때가 종종 있다. 미국의 스펜스 교수는 이혼 가정보다 오히려 가정불화를 겪고 있는 양친과 함께 사는 아이들이 정서적인 불안을 보이는 경우가 많았다고 지적했다. 그는 "안정적인 한 명의 부모와 함께 사는 아이들에게 이혼은 위험 요소가 아닌 것으로 나타났다."라며 "자녀들에게 위험을 안겨주는 것은 부모의 불화와 양친 가운데 한쪽 또는 둘 다 우울증을 겪고 있는 상황"이라고 강조했다.

겉모습만 가정을 유지하고 불화로 아이들에게 비추어지는 모습이 부끄럽다. 불화는 도대체 언제 발화될까? 불화에 대한 꼬리에 꼬리를 무는 질문이 생긴다. '불화의 원인을 제거하지 않으면 어떻게 될까?' 불화에 대해 심히 궁금하다. 부부 간에 불화 없이 살 수는 없을까?

가정불화의 원인. 불화는 교통사고와 같다. 아직도 우리는 불화가 일어나면 불화를 참지 못한 사람의 탓으로 여긴다. 부부 간의 불화는 교통사고와 같다. 어떤 일로 집안에 불화가 생기는 데에는 불화를 일으키는 원인이 있다. 불화를 일어나게 하는 원인은 어떤 것이 있을까?

불화의 원인은 시대에 따라 다르게 나타난다. 옛날에는 부부 불화의 가장 큰 원인은 혼인제도 및 혼인 과정상의 문제(64%)로 나타났다. 이때는 정서적으로나 문화적 소통의 매개로 나타났다. 최근에는 경제적인 문제 및 심리적인 문제들로 나타난다. 경제적인 문제로는 경제 파탄이나 사교육비, 심리적인 문제는 시집살이 및 종교, 갱년기 등으로 나타나고 있다.

전실 자식이 불화의 원인. 강원도에서 살 때, 산골에서 살던 60대 아주머니가 한 번씩 잠을 자고 가셨다. 한날 저녁에는 자기 살아온 역사를 풀어놓으면서 자기가 죄인이라고 하셨다. 교회를 다니던 분이었는데 하나님을 알고부터 자기가 죄인이라는 것을 알게 되었다고 했다. 왜 죄인이라고 생각하시느냐고 물었다. 당신은 전실 자식이라는 것이다. 전실 자식인 자기는 서모의 마음을 늘 불편하게 했다는 것이었다. 그분이 살아계시냐니까 돌아가셨다고 한다. 돌아가셨는데 왜 지금에 와서 그렇게 괴로워하시냐고 물으니, 마음에 걸려서 그런다고 하셨다. 그분이 살아 계실 때는 자기가 어려서 몰랐다고 한다. 다만 서모가 당신 자식들만 챙기는 것이 미웠다고 한다. 자기를 한 살부터 키워준 서모는 늘 보상을 해달라고 했단다. 할머니는 그런 엄마를 혼냈단다. 할머니한테 혼난 서모는 할머니가 안 보일 때 자기 허벅지를 꼬집거나 머리를 쥐어박았단다. 그 아주머니는 그게 너무 서러워서 할머니한테 이른단다. 그러면 할머니가 역정을 내신단다. 그 서모는 할머니 앞에서는 공손하고, 안 보이는 곳에서 소리 안 나는 방법으로 학대를 하더란다. 결혼해서까지 그 서모는 자기를 키워준 보상을 요구했단다. 그래서 그 서모가 미워서 돌아가셨을 때도 가지 않았다고 한다. 더 화나는 것은 자기 자식만 생각하는 서모는 자기한테 돈 있는 것만 알면 죽는소리를 하며 빼앗아갔다는 것이다. 하지만 교회를 다니면서 그 서모의 처지를 이해했단다. 자기는 전실 자식으로 가정불화의 원인이었다고 한다.

불화의 원인을 제거해야 하는 이유. 가정불화는 한 가정의 아내를 자살에 이르게 하거나 자녀들이 가출하는 계기를 제공하기도 한다. 최근 뉴스에 의하면, 전북 정읍에서 신종 코로나바이러스 감염증(코로나19)

능동감시 대상이던 신천지 신자가 아파트에서 추락해 사망했다. 신종 코로나 사태 이후 신천지 신자는 극단적인 선택을 하였다. 이 사건은 종교 갈등으로 빚어진 가정불화를 원인으로 정확한 사망 원인을 조사하고 있다. 전업주부인 A씨는 7~8년 전 자신이 신천지 신자라는 사실을 알게 된 남편과 종교 문제로 갈등을 빚어왔다. 최근 정신적으로 많이 힘들어했으며, 전날도 남편과 종교 문제로 다툰 것으로 조사됐다. 남편은 신천지 신자가 아닌 것으로 알려졌다고 한다.

가정불화는 자녀들이 가출하는 계기를 제공하기도 한다. 불화는 자녀들이 낭패감, 반발심, 원망 등의 정서적 폐해를 겪게 한다. 실제로 가정 문제로 인한 가출(32.3%)이 학교 성적 문제로 인한 가출(10.1%)을 훨씬 앞지르고 있다는 보고도 있다.

종교도 불화의 원인. 20년 지인은 남편과의 사이에서 종교적으로 불화가 자주 일어났다고 한다. 지인은 천주교 신자였고, 그 남편은 개신교 신자였다고 한다. 그 당시만 해도 아내는 남편의 종교를 따라야 했다. 그 남편은 지인이 남편의 종교를 따라 교회를 다니는데도 늘 불평을 하더란다. 일요일 예배에 함께 가는 것도 지인의 권유에 마지못해 가면서 힘들게 한단다. 지인이 새벽기도 가면 새벽기도 간다고 불평을 하고, 수요 예배에 가면 밥 안 주고 어디를 가느냐며 불평을 했다. 철야 기도에 가면 유난을 떤다며 지인을 광신도라고 못 가게 했단다. 당신 어머니는 철야 기도를 매일 하셨다는데, 일주일에 한 번 가는데 왜 말리냐고 해도 소용이 없단다. 대개 자기 친가의 종교를 따르면 자기가 주도를 해야 하지 않나? 화가 나서 한번은 지인이 본래 다니던 천주교로 가겠다고 했단다. 마음대로 하라고 하더란다. 아이들은 그럼 어떻게 하지? 아이들을 혼란스럽게 하지 않으려고 그대로 다녔다고 한다.

결혼 전에 천주교에서 개신교로 가는 걸 막아서 어려움도 있었단다. 결국, 신부님이 개신교에 가서 자녀를 낳아 하나님 품에서 잘 키우라고 보내주었단다. 지인은 아이들을 하나님 품 안에서 잘 키우려고 노력을 많이 했단다. 그런데 남편은 교회를 열심히 다닐수록 막더란다. 종교는 사람이 만든 기관이라며 교회에 현혹되지 말라고 하더란다. 지인도 이제 하나님은 교회 안에만 계시는 것이 아니라는 것을 알고 다니지 않는단다. 이로써 종교로 생겼던 불화의 원인은 제거되었다고 한다.

불화의 원인은 사전에 제거해야 한다. 불화의 원인은 교통사고의 원인과 같다. 교통사고의 원인을 제공하지 않아야 하듯이 불화의 원인도 제공하지 않아야 한다. 불화가 일어나기 전에 원인을 제거해야 하지만, 말처럼 쉽지는 않다. 불화는 사람이 살아가는 동안에 늘 함께하는 심리적으로 발생하는 감정이다. 불화의 원인을 제거하는 것은 급하게 서두른다고 되는 일은 아니다. 옛날에 불화는 혼인제도 및 혼인에 관한 정서적, 문화적 소통의 매개로 나타났다. 최근 불화는 경제적인 문제 및 심리적인 문제들로 나타난다. 경제적인 문제는 경제 파탄이나 사교육비로 나타난다. 심리적인 문제로는 전실 자식, 시집살이, 종교, 갱년기 등으로 나타난다. 이들을 사전에 방지해야 한다.

불화의 원인, 사전에 제거했다. 우리 부부는 불화의 원인이 되는 것을 사전에 제거했다. 이혼보다 더 무서운 가정불화, 그 원인이 되는 6가지를 사전에 제거하였다.

첫 번째, 불화의 원인이 되는 경제적인 파탄은 일어나지 않았다.

두 번째, 사교육비로 인한 불화도 없었다.

세 번째, 불화의 원인이 되는 전실 자식이 없었다.

네 번째, 시댁에 시부모님들이 계시지 않기에 시집살이도 없었다.

다섯 번째, 불화의 원인이었던 종교 생활을 그만두었다.

여섯 번째, 건강하니 갱년기로 인한 불화가 없었다.

우리는 불화의 원인이 발생하지 않는 삶을 살았다. 남편은 경제활동에 욕심을 내지 않게 하였고, 나는 규모 있게 가정 살림을 하였기에 경제적 파탄을 맞지 않았다. 아이들을 키울 때 치맛바람이 억세게 불었지만,

소신 있는 교육으로 사교육비로 인한 불화가 발생하지 않았다. 옛날이나 요즈음에 가장 큰 불화의 원인은 전실 자식이다. 나는 전실 자식으로 계모님께 불화의 원인이었으나, 우리 부부는 전실 자식을 만들지 않았다. 시댁에 시부모님들이 계시지 않았기에 시집살이를 하지 않았다. 한때는 종교에 심취하여 남편과의 불화가 있었으나 지금은 그만두어 종교로 인한 불화가 없다. 갱년기가 불화의 원인이 된다고 하는데 나에게는 갱년기가 없다. 갱년기는 건강한 몸과 마음의 상태가 좌우한다.

불화의 원인을 제거하라. 이혼보다 더 무서운 가정불화, 원인을 어떻게 제거할까? 우리 부부도 불화로, 사이좋게 지내지 못하는 모습을 아이들에게 보일 때가 있었다. 가정불화는 교통사고와 같다. 우리는 아직도 불화가 일어나면 불화를 참지 못한 사람의 탓으로 여긴다. 부부 간의 불화도 교통사고와 같다고 본다.

불화의 원인을 제거해야 하는 이유는 가정불화는 한 가정의 아내를 자살에 이르게 하거나 자녀들이 가출하는 계기가 될 정도로 위험하기 때문이다. 그러므로 불화의 원인은 사전에 제거해야 한다. 불화가 일어나기 전에 원인을 제공하는 모든 것을 차단해야 한다.

5

배우자의 자존감을 높여줘라

배우자의 자존감을 높여주면 무엇이 좋을까? 자존감(Self-esteem)은 말 그대로 자신을 존중하고 사랑하는 마음이다. 배우자가 자존감이 낮을 때 높여줄 방법이 있을까? 사람은 누구나가 자신의 능력이 한계점에 다다르면 자존감이 낮아진다. 배우자의 자존감을 높일 방법은 여러 가지가 있다. 배우자 자신이 스스로 가치 있는 존재임을 인식하게 할 수 있다. 인생의 역경에 맞서 이겨낼 수 있는 자신의 능력을 믿게 할 수도 있다. 자신의 능력은 자신의 노력에 따라 다르다. 삶에서 성취를 이뤄낼 수 있다는 일종의 자기 확신을 느끼게 할 수 있다. 인간이 어떠한 일을 하려고 해도 건강한 몸이 없다면, 일을 수행하기가 어렵게 된다. 일을 시작하기 전에 건강한 몸을 먼저 만들어야 한다. 건강은 기본이다. 가정에서 배우자의 자존심도 기본이다. 배우자의 일을 수행하기 위해서는 자존감이 있어야 한다. 자기의 품위를 지키고, 자기를 존중하는 마음을 가질 수 있도록 해주어야 한다. 내 배우자가 자존감이 높은 사람일까? 자존감이 낮은 사람일까? 자존감을 높이는 방법이 무엇인지 알아보자.

자존감의 5가지 유형. 심리학에서 자존감이 적당하게 잘 형성된 사람은, 자신을 소중히 여긴다고 한다. 자존감이 높은 사람은 다른 사람과 긍정적인 관계를 유지할 수 있다고 한다. 자존감이 높으면 학교나 직장에서도 자신의 능력으로 잘하는 경향이 있다. 자존감이 높으면 자신을 지탱해주는 감정의 심지가 굳건하다. 이런 사람은 다른 사람의 비난이나 어쩌다 생기는 실수에도 견고하다. 바람 앞의 등잔불처럼 흔들리지 않는다. 인생의 굴곡 앞에서도 유연하게 대처할 수 있다.

자존감에 대한 유형으로는 5가지가 있다. 5가지의 유형은 회유형, 비난형, 초이성형, 산만형, 일치형이다. 회유형은 감정과 생각을 표현하지 않고 타인의 뜻에 맞추려 한다. 회유형은 자신의 감정을 존중하지 않는다. 자신감이 없으므로 약한 자기를 보호하기 위해 자기의 욕구를 숨긴다. 비난형은 자기주장이 강하고 독선적이다. 자기 방어를 위해서 타인을 무시하고 폭군이 된다. 남의 탓을 일삼고 자신의 잘못을 인정하지 않는 태도를 보인다. 화를 내거나 상대를 무시하는 발언을 서슴지 않는다. 초이성형은 객관성과 논리를 중요시하고, 자신과 타인의 감정을 무시하며, 상황만 강조한다. 융통성이 없고 자존심이 강하다. 산만형은 자신과 타인 상황을 모두 무시한다. 의사소통이 안 되고, 심각한 상황이 되면 주제에 맞지 않는 말로 문제를 흐리게 만든다. 공감 능력이 떨어지고 인간관계를 잘 맺지 못한다. 일치형은 의사소통 내용과 내적인 정서 상태가 일치한다. 자기 자신과 타인, 상황에 적절하게 반응하는 사람들이 있다. 소중한 대상과 긍정적인 관계를 경험하여 자존감이 높다. 배우자의 아픔을 자신의 아픔으로 여기며, 자신의 상처를 적절하게 표현하여 배우자에게서도 위로를 받는다. 비난하거나 변명하지 않고 사실을 말하며, 공통점을 즐기고 차이점을 인정한다.

자존감이 높은 사람. 건강하고 바람직한 자존감은 두 극단 사이에 자리를 잡고 있다. 자존감이 건강하다는 뜻은 자신을 공정하고 정확하게 볼 수 있다는 것을 의미한다. 예를 들면, 자신의 가치를 잘 알고, 자신을 좋게 평가하는 경향을 지니고 있다. 자신의 부족한 점에 대해서도 잘 알고 있다는 것이다.

자존감은 가까운 사람 중에서 타인과의 관계, 경험, 생각 등에 의해 형성된다. 어린 시절에는 부모, 형제자매, 선생님, 종교인 등과 같이 가까운 사람들과의 관계가 자존감 형성에 큰 역할을 한다. 가까운 관계의 사람들로부터 긍정적인 피드백을 받을 때 자신에 대한 믿음이 높아진다. 긍정적인 피드백은 자신이 지닌 가치를 적절하게 평가할 수 있다. 따라서 건강한 자존감을 지닌 사람으로 형성될 가능성이 높다. 반대로 애정이 부족한 냉혹한 비판, 습관적인 비난, 조롱 등과 부정적인 피드백을 받고 자란 경우, 자존감이 결핍된 사람으로 성장할 가능성이 높다.

자존감이 낮은 사람의 징후. 자존감이 낮은 사람은 자기주장을 일삼는 사람이다. 자존감이 낮은 사람은 자기 자신을 부인하면서 말한다. 자존감이 약한 사람은 자신의 실체와는 별개로 남의 시선을 의식해가며, 전전긍긍하며 살아간다. 자신감이 부족하기 때문에 대인관계가 원만하지 않고 열등감이 심하다. 회유형은 친절해야 한다거나 자기 잘못으로 여기며, 약점을 숨긴다. 비난형은 네가 틀렸다고 하면서 적대감이나 충동성, 폭력 편집증적인 증상으로 나타난다. 초이성형은 나는 상처받기 쉽고 고립된 사람이라고 여기며, 강박증이나 우울증으로 나타나고, 공감 능력이 떨어진다. 산만형은 내가 튀는 행동을 하여야 관심을 받는다며 충동적이다. 자존감이 낮은 모든 유형은 정서적인 소통을 적절하게 경험하지 못한 사람들이다. 자존감이 낮은 사람에게는 정서를 표현하지 못하도록 막는 부모가 있다. 타인과 진정한 관계를 맺지 못해 점점 스스로 고립시키는 경향이 있다. 낮은 자존감을 가지고 있으면 매사에 소극적이 되어, 자신이 존중받아야 할 가치가 충분히 있음에도 점수를 낮게 매겨 저평가하는 경향이 있다.

　자존감이 상당히 낮았네. 나도 자존감이 상당이 낮았다. 자존감이 낮았던 이유였을까. 누구와도 관계를 맺기가 어려웠다. 사람들과 정서를 제대로 나누지도 못했다. 내가 하는 일이나 생각, 심지어는 사진조차도 저평가하였다. 나는 자신의 장점보다 약점이나 결함에 초점을 맞추었다. 나는 늘 나보다 남들이 더 능력이 뛰어나다고 생각했다. 그러면서도 속으로는 내가 더 뛰어나다는 생각을 했다. 능력이 발휘되어도 남들이 알아주지 않는다고 생각했다.

　회사에 다닐 적에 나보다 능력이 부족한데 그가 먼저 승진을 한 경우가 있었다. 나는 그에 맞서지 못하고 그 회사를 나와버렸다. 내가 그 일을 맡아도 해낼 수 있다는 자신감도 없었지만 내 능력을 믿어주지 않는 것에 대한 반항이었다. 나는 당당히 맞서지도 못하는 약한 존재였다. 그 동료에게 먼저 승진의 기회를 준 것은 나를 낮게 평가했다는 것에 그저 순응한 것이었다. 다른 사람의 기준으로 나의 행동을 결정한 것이다.

　배우자의 자존감을 높이는 방법. 배우자의 자존감을 높이려면 자신이 먼저 자신에 대한 존엄성을 인정해야 한다. 타인들의 인정이나 칭찬에 의한 것이 아니어야 한다. 자신 내면의 성숙한 사고와 가치로 얻어야 한다. 비록 어린 시절부터 형성된 것이라도 자부심은 자신의 태도와 의지에 따라 얼마든지 건강하게 가꿀 수 있다. 자존감은 인생의 모든 면에 영향을 주기 때문에 지나치게 자존감이 낮다면 끌어올릴 필요가 있다.

가족 모두 정서적인 의사소통 방식을 배우고 노력할 때 자존감이 회복된다. 상처는 또 다른 상처를 남긴다. 가정의 온기를 결정하는 것은 정서다. 부부는 가정에 온기를 불어넣어야 한다. 부부가 서로 보듬고, 자신들이 받은 상처를 대물림하지 않으려고 노력해야 한다. 정서를 나누고, 소통하는 것이 그 첫걸음이다.

남편이 나의 낮은 자존감을 극복하도록 도와주었다. 1년 동안 나만 사랑해보겠다고 했을 때 기꺼이 지원해주었다. 배우자의 자존감을 높이는 방법은 배우자 스스로 할 수 있도록 도와주는 것이다.

1. 1년 동안은 오직 나만 사랑하자.
2. 부정적인 모든 행동을 조심하자.
3. 모든 사람에게 100% 인정받으려고 하지 말자.
4. 타인과 나를 비교하지 말자.
5. 있는 그대로의 나를 인정하라.

6. 긍정적인 마인드를 갖자.

나는 남편의 도움을 받아, 6가지를 실천하면서 자존감을 높였다.

배우자의 자존감을 어떻게 높여줄까? 자존감(Self-esteem)은 말 그대로 자신을 존중하고 사랑하는 마음이다. 심리학에서 자존감이 적당하게 잘 형성된 사람은, 자신을 소중히 여긴다고 한다. 자존감이 높은 사람은 다른 사람과 긍정적인 관계를 유지할 수 있다고 한다. 반면에 자존감이 낮은 사람은 자기주장을 일삼는 사람이다. 자기 자신을 부인하면서 말한다. 자신감이 부족하기 때문에 대인관계가 원만하지 않고 열등감이 심하다. 배우자의 자존감을 높이려면 자신이 먼저 자신에 대한 존엄성을 인정해야 한다. 타인들에게 주어지는 인정이나 칭찬이 아니라 자신의 내면의 성숙한 사고와 가치로 얻어야 한다.

6

의미 있는 일을 함께하라

우리 부부에게 의미 일은 무엇일까? 부부가 함께하는 의미 있는 일, 생각만 해도 가슴이 뛰지 않는가? 함께할 수 있는 의미 있는 일을 찾아보자. 나 혼자만이 할 수 있는 것이 아니라 배우자와 함께할 수 있는 일은 더욱 의미가 있을 것이다. 나 혼자가 아닌 둘이 함께한다면 얼마나 좋을지. 누군가에게 도움이 되는 일을 한다면 보람이 있을 것이다. 부부가 함께할 수 있는 의미 있는 일은 무엇인가? 우리보다 더 어려운 사람을 돕는 일이 있다. 내가 가지고 있는 재능 기부를 하는 일도 있을 것이다. 함께할 수 있는 일을 찾으면 있을 것이다. 사람은 서로 도와가면서 사는 것이 기본인 것 같다. 우리가 하려는 작은 일 하나가 다른 사람들에게는 큰 도움이 될 수 있다. 세상사 돌고 도는 것, 언젠가는 우리가 도움을 받을 날도 있을 것이다.

의미 있는 일을 해야 하는 이유. 부부가 만나서 사는 대로 살면 되지, 무슨 의미 있는 일을 또 해? 우리끼리 살기도 어려운데 하면서 한쪽에서 엇박자를 놓으면 할 수 없는 일이다. 어쩌면 이 말은 백 번 맞는 말일지도 모른다. 만약에 어려운 이웃을 돕고자 하는 마음은 있지만, 지금은 여유가 없어서 못 한다? 여유는 평생 생기지 않을 것이다. 여유가 늘어나면 갈수록 남을 돕고자 하는 마음이 늘어난다면 얼마나 좋겠는가. 그런 일은 아마도 없을 것이다. 지금 마음이 당기는 대로 하는 것이 좋다는 생각이다. 당장 실행하고 여유가 생기면 늘려서 하면 되는 것이다. 항목을 먼저 설정해놓고 시행하면 좋을 것이다. 의미 있는 일을 하게 되면 부부의 삶도 환기가 될 것이다. 어려운 이웃을 돕는다고 가정하면, 그들을 보면서 나를 돌아볼 수 있게 된다. 이는 결코 남을 돕는 일에 그치지 않는다. 작은 일 하나가 우리에게는 더 큰 보람을 안겨줄 것이다. 의미 있는 일은 부부생활의 윤활유가 될 것이다. 의미 있는 일은 부부생활을 더욱 잘 돌아가게 할 것이다.

가장 어려운 분들을 돕는 일, 의미가 있다. 나는 시댁이나 친정에 어려운 어른들을 돕자고 제안을 했다. 당시에는 경제적인 여유가 없었지만 해보기로 하였다. 시댁은 크게 도움을 드렸다. 우리의 도움으로 시댁 형제분들이 빚을 덜고 어려움을 덜어내셨다. 소도 비빌 언덕이 있어야 비빈다고 하듯이 우리는 비빌 언덕이 되어드렸다. 친정에는 부모님과 고모님의 용돈을 매달 드렸다. 남편이 직장생활로 얻는 수입이 없었던 때는 중단을 해볼까도 했는데 차마 말을 하지 못했다. 계속하다 보니 지금은 생활비의 일부가 되어 문제가 되지 않았다. 그 덕분에 부모님과 고모님은 용돈 걱정 없이 살고 계시다. 소년소녀 가장을 돕기도 했다. 남을 돕는 일도 잘해야 한다. 어쩌면 습관화를 시킬 수도 있다. 습관이 되었다면 적절한 시기에 끊을 수도 있어야 한다. 습관적으로 계속 요구한다면 어려운 일이 될 수도 있다. 누구를 돕고자 할 때도 분명한 한계선도 그을 줄 알아야 한다. 부모님에게 할 일과 형제들에게 할 일, 남에게 할 때의 할 일에 대한 것을 잘 고려해야 한다. 돕는 일을 잘못해서 어려움을 겪기도 했다.

의미 있는 일을 하면 좋은 점. 부부가 의미 있는 일을 함께하면 좋은 점이 많아진다. 우선 부부가 좋은 에너지로 마음이 합쳐진다. 사람은 누군가를 도우며 살게 되어 있나 보다. 지친 마음이 달래진다. 마음이 뿌듯해진다.

부모님에게 도움을 드렸다면 부모님은 물론, 형제들에게도 좋은 상이 맺힌다. 의미 있는 일을 하면 좋은 점 5가지가 있다.

첫째, 칭찬을 듣는다.

둘째, 좋은 에너지가 생긴다.

셋째, 신뢰를 얻는다.

넷째, 인정을 받는다.

다섯째, 잘못도 용서받는다.

의미 있는 일을 하면 좋은 일이 많아진다. 부모, 형제, 자매들로부터 칭찬을 받는다. 칭찬을 받으면 좋은 에너지가 생긴다. 좋은 에너지가 생기면 기분이 좋아진다. 신뢰감도 주고 인정도 받는다. 잘못도 용서받는다. 모든 일이 문제가 되지 않는다.

형제간의 의미 있는 일은 보기 좋다. 강원도에 살 때 젊은 새댁에게 들은 말이 생각난다. 그 댁은 형제들이 우애가 없었다고 한다. 새댁 부부는 형제 우애를 위하여 어떤 일이 생기면 서로 돕는다고 한다. 셋째인 그 부부는 부모님들은 돌아가셨고 아들만 삼형제인데, 자기들이 앞장선다고 한다. 한번은 둘째 시숙이 암에 걸려서 병문안을 갔단다. 얼마나 힘드시냐고 하니까 땅이 꺼지듯이 걱정을 하더란다. 무슨 일이냐고 하니 사채 빚이 있었다고 한다. 사채를 준 사람이 암에 걸렸다고 하니 받지 못할까 봐 당장에 내놓으라고 한다는 것이었다. 이참에 빚을 갚아주자며 빚 독촉에서 해방해주었단다. 그 젊은 부부는 형제의 우애는 돈 주고도 사지 못한다는 생각을 하고 있었다고 한다. 그 이후 형제 사이가 좋아졌다고 한다. 다른 형제들까지 그 부부를 좋아하더란다. 형제간의 우애는 돈 주고 못 산다? 돈 주고 살 수도 있더라고 하였다. 그 부부의 평소 생각은 일반 사람들과 달랐다. 형제간에 우애는 돈 주고도 못 산다는 생각을 넘어 의미 있는 일을 한 것이다.

의미 있는 일도 요령 있게 해야 한다. 어떤 일이든지 마찬가지겠지만 의미 있는 일도 요령이 필요하다. 요령 있게 하는 일을 한번 생각해본다. 누가 할 것인지도 중요하다. 시댁에 의미 있는 일을 하려는데 남편이 앞서서 한다면 아내는 빛을 보지 못하거나 오히려 눈엣가시가 될 수도 있다. 반대로 친정 일을 할 때는 남편이 하는 것이 좋다. 상황에 따라 부부 중 누가 할 것인지를 반드시 정하여야 한다. 형제간에 무엇인가 의미 있는 일을 하려고 할 때 고르게 하지 않으면 안 된다. 각 형편에 맞게 해야 하고, 누구한테만 하고 균형을 이루지 않으면 오히려 하지 않은 것만 못하다. 어떻게 해야 할지 신중을 기해야 한다.

또한, 무엇을 할 것인지에 대한 생각도 잘해야 한다. 무엇을 할 것인지 충분하게 생각하지 않고 충동적으로 하면 곤란하다. 각 집의 성향도 고려하여 금전적으로 할 것인지, 물품으로 할 것인지 적절하게 해야 한다. 더 중요한 것은 왜 하려는 것인지, 왜 그것을 하고자 하는지 함께 신중하게 생각해야 한다. 어떻게 하는 것인지에 대한 방법을 잘 택해야 한다. 돈으로 한다면 얼마를 할 것인지, 물품으로 한다면 어떤 것으로 할 것인지를 잘 생각해야 한다. 여기서 중요한 것은 금전이나 물품으로 하지 않고 마음으로만 해서는 절대로 안 된다는 점이다. 금전이나 물품 중 하나와 마음이 같이 가야 한다는 것을 잊지 말아야 한다. 물질 사회다 보니 몸이나 마음으로만 하는 일은 가치로 여겨주지 않는다. 그건 아무것도 안 하는 것이 된다. 사람들은 물질에 눈이 가 있기 때문이다.

의미 있는 일을 하고도 마음 상하는 일이 있었다. 어떤 일을 하든지 투명하게 해야 한다. 직장을 다닐 때 한 친구에게 들은 이야기가 생각난다. 대개 윗사람이 동생을 가르치는데 이 친구네는 오빠를 가르치는 경우였다. 동생이 오로지 오빠를 뒷바라지하면서 회사에 다니면서 번 돈을 오빠 뒷바라지에 다 썼다고 한다. 그런데 그 오빠가 배다른 형제였다고 한다. 계모가 데리고 온 오빠였다고 한다. 그 계모는 오빠를 가르치는 데 혈안이 되어 가족이 모두 거기에 집중을 했다고 한다. 그렇게 대학교를 마치게 하였는데 그 계모는 너희들이 한 것이 무엇이냐고 하더란다. 마음이 약한 친구는 그 일로 상처를 많이 받았다고 한다. 그 친구 동생도 상처를 받았단다.

의미 있는 일을 함께하라. 부부가 만나서 사는 대로 살면 되지 무슨 의미 있는 일을 또 해 하고 생각할 수도 있다. 그러나 부부가 의미 있는 일을 함께하면 좋은 점이 많아진다. 우선 부부가 좋은 에너지로 마음이 합쳐진다. 사람은 누군가를 도우며 살게 되어 있으니 지친 마음이 달래진다. 마음이 뿌듯해진다. 부모님에게 도움을 드렸다면 부모님은 물론 형제들에게도 좋은 상이 맺힌다. 그러나 의미 있는 일도 요령 있게 해야 한다. 가장 어려운 분을 돕는 일이 의미가 있다.

7

미래의 꿈을 공유하라

배우자와 공유할 수 있는 미래의 꿈이 있는가? 나만이 간직했던 미래의 꿈을 배우자와 함께 공유해보면 어떤 일이 일어날까? 결혼하기 전에, 부부에게도 각자의 꿈이 있었을 것이다. 결혼하면 개인의 꿈은 사장되는 경우가 많다. 지금도 혼자서만 끙끙 앓고 있는지도 모른다. 만약에 꿈을 혼자서 간직하고 있다면 꿈을 이루기가 어려울 것이다. 배우자에게 꿈을 공유하면 어떨까? 배우자에게 나의 꿈을 말하지 않으면 100년을 가도 모를 것이다. 배우자에게 꿈을 공유한다면 배우자가 도와주지 않을까? 만약에 꿈이 없다면 만들어봐야 한다. 자신이 원하는 것이 무엇인지 한번 찾아보자. 꿈을 찾았다면 스스로 물어보자. 내가 찾은 꿈이 가슴을 설레게 하는가? 꿈을 현실에서 이룰 방법도 있을 것이다. 먼저 꿈에 집중해보자. 꿈은 꼭 이루어질 것이라는 확신도 잊지 말자.

나만의 꿈 찾기 쉬운가? 행복한 결혼생활, 부부의 꿈만 이룬다고 우리의 삶이 행복할까? 내가 이루고 싶은 꿈을 찾아보자. 〈한국책쓰기1인창업코칭협회(이하 한책협)〉 대표 코치이신 김태광 코치님은 '나는 무엇을 원하는가? 무엇이 되고 싶은가? 나는 무엇을 가지고 싶은가?'에 대하여 꿈을 적어보라고 한다. 미래의 꿈들 중 우선 이룰 수 있는 꿈들을 먼저 적어보되, 구체적으로 적어야 한다고 한다. 두루뭉술한 꿈은 이루기가 어렵다고 하며, 사회를 이롭게 하는 목적의 꿈이 이루어질 가능성이 있다고 한다. 꿈에는 목적이 되는 꿈과 수단이 되는 꿈이 있다고 한다. 수단으로의 꿈은 목적을 이루기 위한 꿈이어야 한다는 것이다. 예를 들어 나의 경험과 지식을 가지고 책을 써서 누군가에게 도움을 주고자 작가가 되었을 때, 작가로서의 품격을 높이고자 하는 명품 옷이라든지 가방을 사고 싶다는 꿈이 바로 수단의 꿈이라는 것이다. 또한 결혼하여 아기를 키우는 엄마의 삶을 책으로 써서 작가가 될 수 있다. 그 과정에 필요한 것을 가져보는 꿈이 바로 수단의 꿈이라는 것이다. 나만의 꿈 찾기 쉽지 않은가? 이제 찾은 꿈을 공유해보자.

작가의 꿈이 이루어졌다. 나는 꿈을 함께 공유하는 공동 저서, 버킷리스트 출간으로 작가가 되었다. 『결혼생활 행복하세요?』는 개인으로 내는 첫 책이다. 공동 저서에는 5가지의 꿈이 담겨 있다. 꿈을 어떻게 찾았는지 궁금한가? 내 경우 책 쓰기 공부를 하면서 찾았다. 〈한책협〉이라는 곳에서 책 쓰기 수업 중에 꿈을 적어보라고 하여 적어봤다. 꿈을 적고 보니 반평생 나의 꿈이 묻혀 있었다는 것을 깨달았다. 꿈을 종이 위에 적어보라 하여 적어보려니 처음에는 막막했다. 우선 공동 저서를 내보라는 김태광 코치님의 권유가 있었다. 공동 저서는 버킷리스트 5가지를 담는다고 했다. '내가 공동 저서를 낼 수 있겠어? 나 때문에 책의 품위가 낮아지면 어떻게 해?' 가난한 사고로 머뭇거렸다. 머뭇거림은 얼마 가지 않았다. '남들이 하는 일을 왜 내가 못 해? 나도 할 수 있다.' 5개의 꿈을 독자들에게 공유하기로 했다. 공동 저서에 수록된 꿈은 다음과 같다.

첫 번째 꿈은 베스트셀러 작가가 되어 북 콘서트를 열기
두 번째 꿈은 경험과 지식을 돈으로 바꾸는 귀재 되어 천만장자 되기
세 번째 꿈은 결혼생활 테마관 지어 동기부여가 양성하기
네 번째 꿈은 결혼생활 관련 책 100권 쓰기
다섯 번째 꿈은 경제적 자유인이 되어 원하는 것 하며 살기

꿈은 나만을 위한 꿈과 타인을 이롭게 하는 꿈이 있다. 나를 위한 꿈과 타인을 이롭게 하는 꿈을 균형 있게 적으면 된다. 목적을 이루고자 하는 꿈과 수단으로 사용될 꿈도 구분해보았다. 모든 꿈은 구체적으로 적어야

잘 이루어진다고 해서 숫자로 적어보았다. 나의 꿈은 이루어질 것이라는 확신을 갖는 것이 중요하다.

꿈을 공유해야 할 이유가 있을까? 꿈은 배우자에게 공유하는 것이 좋지 않을까? 함께 사는 배우자가 도와주지 않으면 꿈을 이룰 수 없을 것이다. 만약에 꿈을 공유하지 않고 혼자서 이루려고 하면 얼마나 많은 장벽을 만날까. 일반적으로 꿈은 이루어질 수 없다는 생각을 가지고, 상상 속에만 머물게 한다. 꿈은 상상의 나라에나 생각의 정거장에서 머물기만 하는 것이 아니다. 버스를 타고 목적지까지 갈 수가 있는 것이다.

우리는 결혼이라는 버스를 탔다. 때로는 나 혼자 여행을 가고 싶은 곳이 있다. 나 홀로 여행을 갈 때 배우자에게 말하지 않고 가보라. 배우자는 당황할 것이다. 한 번은 용서하겠지만 반복적으로 하면 싸움이 될 것이다. 여행지를 말해주어야 한다. 배우자는 기회가 되는 대로 도와줄 것이다. 여행을 다녀올 때까지 육아나 집안 살림도 맡아서 해줄 것이다. 배우자의 도움이 있어야 나의 꿈이 이루어진다.

꿈을 공유해서 이루었다. 나는 공부를 하고 싶었지만, 초등학교만 마칠 수밖에 없었다. 직장생활을 하면서도 야학으로 공부를 하였다. 결혼해서도 아이들 둘을 키워가면서 독학으로 공부를 하였다. 결국, 대학교에 가서 공부하는 꿈을 이루었다.

내가 하고 싶은 것이 공부라는 것을 남편에게 말했다. 아이들을 키우면서 틈틈이 독학으로 공부했다. 남편은 늘 공부하는 내가 대단하다고 했다. 내가 검정고시를 볼 줄은 몰랐다고 한다. 그냥 목마름을 채우기 위하여 하는 것이겠지, 그러다가 그만두겠지, 하였단다. 한날 저녁 식탁에서 고검과 대검 합격증을 보여주었더니 놀랐다. 그것을 보더니 대단하다며 대학교도 가라고 하였다. 꿈만 꾸던 대학교에 가라고 하는데도 믿어지지 않았다. 정말로 대학교에 가라는 것이냐고 물었다. "장난하는 거지?" 그랬더니 "정말이야, 이 사람아." 한다. 그래도 믿어지지 않아서, "난 그럼 서울대학교에 가겠다."라며 장난을 하였다. 장난이 아니라며 가라고 하였다. 그리고 나는 대학교 4년 동안 꿈같이 달콤하게 공부를 하며 보냈다. 만약에 남편과 꿈을 공유하지 않았다면 그 모든 것이 가능했겠는가. 꿈을 공유하여 꿈을 이루었다.

꿈을 현실로 만드는 방법. 네빌 고다드는 "상상하면 꿈은 이루어진다." 라고 한다. 이는 끌어당김의 법칙으로 소망하는 것을 이룰 수 있다는 것이다. 하고 싶은 것이나 되고자 하는 것, 갖고자 하는 꿈을 공유해보라. 부자와 가난한 사람은 사고가 다르다. 부자는 원하는 것에만 집중한다. 즉 꿈에 집중한다. 꿈은 부자의 사고를 하는 사람들이 꾸는 것이다. 꿈을 현실로 만들려면 꿈에 집중하여야 한다.

먼저 꿈을 적는다. 꿈이 어떠한 목적을 이루고자 하는 것인지, 수단으로 사용할 꿈인지, 꿈의 실현 장소에 가서 만져본다. 매일 이루어진다는 상상을 한다. 꿈을 이루고자 하는 것에 필요한 모든 것을 배우고 준비한다. 꿈은 노력으로 이룰 수 있다. 꿈을 가지면 꿈을 이루도록 도와주는 뇌가 있다. 뇌는 단순하여 우리가 무엇을 하고자 하면 그쪽으로 모든 것을 모아준다. 우주에서 꿈을 꾸도록 맞추어준다. 꿈을 적어놓고 방치하지 마라. 꿈은 준비된 그릇에 따라 주어진다. 꿈을 현실로 만들기 위하여 모든 것을 동원하라.

꿈은 공유해야 한다. 나는 공부를 하고자 하는 꿈에 집중하여 이루었다. 독학으로 꿈을 이루기 위한 교재나 책, 비디오를 구입했다. 과정마다 어려운 문제는 비디오를 틀고 보면서 이해를 했다. 독학으로 공부하는 과정에서 비디오 한 대가 완전히 낡았다. 꿈은 어쩌면 나와의 싸움이다. 내가 가지고 있는 꿈을 놓지 않고 계속 꾸었더니 결국 이루어졌다. 대학교에 가서 아들딸 같은 학생들과 공부를 하였다. 젊은 사람들과 함께 공부하는 것이 얼마나 즐거웠는지 모른다. 지금도 그때의 환희를 잊을 수 없다. 만약에 내가 남편과 꿈을 공유하지 않았다면 불가능했을 것이다. 꿈을 공유하니 남편이 도와줬다.

이제 또 하나의 꿈을 공유했다. 책을 쓰고 싶다고 도와달라고 했다. 이 꿈도 남편은 적극적으로 지지해준다. 지지로 그치지 않고 고로쇠 수액이 늘 떨어지지 않게 책상 위에 놔주기도 한다. 밥도 한 끼 해 먹는다. 물심양면으로 도와준다. 때때로 힘들 때 산책도 같이 가준다.

미래의 꿈을 공유하라. 배우자와 공유할 수 있는 미래의 꿈이 있는가? 나만이 간직했던 미래의 꿈을 배우자와 함께 공유해보자. 결혼하기 전 부부에게도 각자 꿈이 있었을 것이다. 결혼하면 개인의 꿈은 사장되는 경우가 많다. 나만이 이루고 싶은 꿈을 찾아보자. 〈한책협〉 코치이신 김태광 코치님은 '나는 무엇을 원하는가? 무엇이 되고 싶은가? 나는 무엇을 가지고 싶은가?'에 대하여 꿈을 적어보라고 한다. 꿈을 공유해야 하는 이유는 무엇일까? 꿈을 배우자에게 공유하는 것이 좋지 않을까? 함께 사는 배우자가 도와주지 않으면 꿈을 이룰 수 없다. 네빌 고다드의 말을 기억하라. "상상하면 꿈은 이루어진다."

8

감정 계좌 잔고를 늘 확인하라

감정 계좌의 잔고를 어떻게 확인할 수 있을까? 감정 통장은 어떻게 만들까? 우리네 부부는 감정이 메마를 경우가 많다. 서로가 감정이 바닥이 나서 관계를 회복할 수 없는 지경에 이를 때도 있다. 나의 감정이 바닥이 났는지 잔고가 있는지 확인을 할 수 없으니 답답하다. 감정이 눈에 보이지 않으니 어렵다. 감정이 메마를 때를 대비하여 감정 통장을 만들면 좋겠다. 상대방의 마음에 느껴지는 기분을 모아두는 감정 통장을 만들면 좋겠다는 생각이다. 감정 통장을 만들어 공유하면 어떨까?

부부 간에 각각 감정 통장을 만들어 자신들만이 측정해보는 것도 좋을 듯하다. 감정 통장은 상대가 무엇을 원하는지, 무엇을 좋아하는지에 대한 감정을 파악하여 본다. 감정을 수치화하기는 어렵겠지만 항목이라도 구분해보자. 부부가 서로 원하는 것이 더 명확해지면 이전보다 더 나은 삶이 될 것이다.

『성공하는 사람들의 7가지 습관』에서 말하는 감정 계좌를 잠깐 엿보자. 스티븐 코비는 상대방에 대한 이해심과 사소한 일에 대한 관심, 약속의 이행, 기대의 명확화, 언행일치, 진지한 사과 등이 감정 계좌에 이입이 된다고 했다. 반대로 이행이 되지 않으면 감정 계좌에서 빠져나갈 것이다. 감정 통장의 가치는 남편과 아내가 다를 수 있다.

감정 통장을 개설하라. 감정 통장은 공동으로 만들거나 각각 만들 수 있다. 어떤 방법이 좋을까? 이런 일들은 처음으로 해보는 일이니, 어떤 방법이든지 실행해보면 좋겠다. 부부가 서로 상의하여 감정 항목을 정해 본다.

감정 항목에 점수를 매겨본다. 점수는 상대에게 만족감을 줄 수 있는 한계치를 정한다. 남편은 사소한 일에 관한 관심을 기울여주기 원할 수도 있지만, 아내는 반대일 수 있다.

남편은 아내에게 약속을 잘 이행해주기를 원하지만, 아내는 좀 느슨할 수도 있다. 남편은 기대를 명확히 하는 것을 원할 수 있지만, 아내는 대략적인 것만으로도 만족할 수 있다. 남편은 반드시 언행일치를 원할 수 있지만, 아내는 덜 지켜도 된다는 생각을 가질 수도 있다. 남편은 잘못에 대한 사과를 진지하게 해야 한다고 생각할 수 있지만, 아내는 그렇지 않을 수 있다.

남편과 아내가 느끼는 정도에 약간의 차이가 있을 수 있다. 이 감정들을 자신이 상대에게 얼마나 지켜주길 바라는지 수치화해서 공유하면 좋겠다. 지금까지 우리는 감정이란 걸 즉흥적으로 대해왔다. 이제는 이성적으로 한번 대해보자. 상대가 원하는 것을 좀 더 명확하게 한다면 즉흥적인 감정에 휩싸이지 않을 것이다.

감정 통장이 없을 때는 어떤 일이 일어날까? 감정 계좌에 잔고가 바닥나면 어떤 현상이 일어나는가? 우리 부부의 경우에, 남편은 화를 내거나 큰소리를 친다. 나는 짜증을 낸다. 남편은 나에게 상대방에 대한 이해의 요구가 높다. 남편이 상대방에 대한 이해가 높은 것처럼 나도 같다. 나도 남편이 이해를 많이 해주기를 바란다.

남편은 사소한 일에 대한 관심이 많다. 사소한 것까지 말한다. 나는 사소한 것을 물어오면 힘들다. 남편은 나에게 약속을 철두철미하게 지켜주기를 바라지만 난 그렇게 잘 지키지는 못한다. 상황에 따라서 못 지킬 수 있다는 생각이다. 남편은 무엇인가를 기대하면 명확화하기를 바란다. 나는 가능성을 가지고 가는 것에 만족한다. 그리고 남편은 반드시 언행일치해야 한다고 생각하지만, 나는 덜 지켜도 된다고 생각하는 편이다. 남편은 잘못에 대한 사과를 진지하게 해야 한다고 생각하는 반면, 나는 좀 여유롭게 생각한다.

감정 통장에 쌓이는 긍정적 감정들. 감정 통장의 잔고를 어떻게 확인을 할 수 있을까? 감정 통장에는 상대에 대한 이해심과 사소한 일에 대한 관심, 약속의 이행, 기대의 명확화, 언행일치, 진지한 사과의 세부 범주를 만들어라. 상대에 대한 이해심은 부부 간의 감정 통장에 넣어보자.

긍정적 감정

- 상대에 대한 이해심 : 배우자의 처지 및 형편, 행동, 말 등

- 사소한 일에 대한 관심 : 배우자의 일거수일투족에 대한 관심

- 약속의 이행 : 외출 및 귀가, 일 시작 및 마침 등의 시간 약속

- 기대의 명확화 : 막연한 기대를 분명하게 하는 기대의 명확화

- 언행일치 : 자신이 한 말과 행동의 일치성

- 진지한 사과 : 잘못한 후 사과하는 횟수

남편과 나의 요구는 약간의 차이가 있다. 상대에 대한 요구를 참고하여 만족도에 따라 가늠해볼 수 있을 것이다.

감정 잔고가 쌓이게 하는 일. 우리 부부의 감정 잔고가 수북하면 우선 기분이 좋아진다. 기분이 좋아지면 안 하던 소리도 한다. 남편은 나를 예쁘다고 하면서 막 띄워준다. 칭찬과 존경, 애정 등이 절로 나온다. 나도 그때는 맞장구를 쳐준다.

부부 간에 서로 상대방에게 깊은 관심과 욕구를 파악해서 채워줘야 한다. 부부도 상처받기 쉽고 내적으로 매우 민감하기 때문에 친절하고 공손하게 해야 한다.

또한 약속을 어기지 않게 해야 한다. 약속을 어기는 일은 신뢰에 금이 가게 한다. 기대에 대하여도 명확하게 해야 한다. 대부분 대인관계의 문제는 상대방의 역할과 목표에 대한 애매한 기대 때문에 발생한다.

부부 간에도 기대를 객관화해야 한다. 언행도 일치해야 한다. 바로 한 일에 대하여 거짓말을 한다면 문제가 발생한다. 자신이 한 말에 일치를 시킨다. 사과할 때도 부드럽게 해야 한다. 부드러움은 강한 사람에게만 기대될 수 있는 것이다.

감정에 잔고를 쌓이게 하는 일도 노력이 필요하다. 수시로 잔고 확인을 하여 바닥이 나지 않도록 해야 한다.

감정 통장에서 빠져나가는 부정적 감정을 제어해야 한다. 부정적인 감정들은 감정 통장에서 빠져나간다. 부정적인 감정에는 어떤 것이 있는지 살펴보자. 심리학자들은 분노와 증오, 원망, 화, 짜증, 큰소리, 비웃음 등이라고 한다.

이런 감정들은 말속에 녹아든다. 일상에서 '이거 왜 이래?' 하면서 반문하는 것은 부정적인 감정이다. '에이, 그것밖에 못 했어?', '내 그럴 줄 알았어. 그것 봐. 내가 그런다고 했지?'

남자들은 무엇인가를 말하면 자기가 모두 해결해줘야 하는 것으로 안다. 그래서 물어보지도 않고 해결하려 든다. 여자들은 황당하다. 그냥 이야기했을 뿐이다.

감정 통장에서 빠져나가지 않게 하는 노력. 부정적인 감정을 생활에서 사용하지 않으려고 노력한다. 반문하지 않으려고 노력한다. 빈정대는 말투도 하지 않으려고 노력한다. 큰소리치지 않는 노력을 한다. 날카로운 신경을 건드리지 않으려고 노력한다. 미리 알아서 하려고 노력한다.

부정적 감정

- 상대에 대한 추궁 : 배우자의 처지 및 형편, 행동, 말 등
- 사소한 일에 대한 간섭 : 배우자의 일거수일투족에 대한 간섭
- 약속의 불이행 : 외출 및 귀가, 일 시작 및 마침 등의 시간 약속 불이행
- 기대의 불명확화 : 막연한 기대를 하게 하는 것
- 언행 불일치 : 자신이 한 말과 행동의 불일치성
- 진지한 사과 : 잘못한 후 사과하지 않는 횟수

감정 계좌 잔고를 늘 확인하라. 감정 계좌의 잔고를 어떻게 확인할 수 있을까? 감정 통장은 어떻게 만들까? 우리네 부부는 감정이 메마를 경우가 많다. 서로 감정이 바닥이 나서 관계를 회복할 수 없는 지경에 이를 때도 있다.

감정 통장을 개설하라. 감정 통장은 공동으로 만들거나 각각 만들 수 있는데 어떤 방법이 좋을까? 이런 일들은 처음으로 해보는 일이니, 어떤 방법이든지 실행해보면 좋겠다. 부부가 상의하여 감정 항목을 정해본다.

감정 통장이 없을 때 감정 계좌에 잔고가 바닥나면 어떤 현상이 일어나는가? 남편은 화를 내거나 큰소리를 친다. 아내는 짜증을 낸다. 감정

통장에 쌓이는 긍정적 감정을 어떻게 확인을 할 수 있을까? 감정 통장에는 상대에 대한 이해심과 사소한 일에 대한 관심, 약속의 이행, 기대의 명확화, 언행일치, 진지한 사과의 범주를 만들어라.

5장

부부관계, 지금보다
더 좋아질 수 있다

1

진짜 인생은 결혼에서 시작된다

프리체는 "인생이란 학교에는 불행이란 훌륭한 스승이 있다. 그 스승 때문에 우리는 더욱 단련되는 것이다."라고 했다. 프리체의 말처럼 인생 학교에 불행이란 훌륭한 스승이 함께하는 것일까? 불행이란 스승으로부터 단련하면 진짜 인생을 살 수 있을까? 불행이란 훌륭한 스승이 어떤 것을 가르쳐주기에 진짜 인생은 결혼에서 시작된다고 했을까? 결혼에서 시작된 진짜 인생이 궁금하다. 결혼에서 시작된 진짜 인생의 참맛도 보고 싶다. 결혼에서 시작된 진짜 인생의 여유를 한번 탐색해보자.

불행이란 훌륭한 스승은 '행복하려고 결혼을 했는데 왜 불행할까.'라는 고민을 하게 했다. '왜 점점 남편은 남의 편이 되어가는 걸까?'란 의문

을 갖게 했다. '노력하지 않고도 내 마음 같은 배우자가 없다.'라고 하면
서 노력을 하게 하였다. '상처뿐인 결혼생활 회복하는 기술 8가지'를 알
게 했다. 이혼율이 늘어난다고? 자, 보아라. '부부관계는 더 좋아질 수 있
다.'고 알려주었다.

진짜 인생은 결혼에서 시작된다. 진짜 인생은 어떻게 결혼에서 시작이
된다는 걸까? 결혼하면 부부는, 24시간 함께하면서 생사를 같이한다. 부
부는 혼자서는 도저히 할 수 없는 생명을 탄생시킨다. 그 생명의 신비를
함께 경험한다. 부부는 생명이 잘 자라도록 돕는다. 생명을 성장시키면
서 부부도 함께 커간다. 어느새 같이 어른이 되어간다.

진짜 인생은 그렇게 결혼을 하여 가정에서 시작되는 것이다. 혼자 살
때는 무엇인가 허전하다. 반쪽 인생을 사는 것 같다. 그래서 반쪽을 찾아
결혼하나 보다. 결혼하여 처음에는 불행한 것 같다. 불행하다는 시간이
지나간다. 안착된 가정에는 가슴의 허전함을 채워주는 배우자가 있다.
배우자와 함께 꿈을 공유하면 꿈을 이루도록 도와준다. 혼자보다 둘이
함께하니 시너지 효과가 난다. 배우자는 불행한 과거를 털어놓으면 함께
아파하고 격려해준다.

이것이 진짜 인생이 아닐까? 일거수일투족을 관찰한다. 배우자는 함께

벌고 가사를 나누는 일을 기꺼이 한다. 밥벌이를 같이한다. 때로는 위로한다. 때로는 싸움도 한다. 자녀를 함께 돌본다. 몸과 마음의 건강을 챙겨준다. 사랑해준다. 때로는 쓴소리를 한다. 진짜 인생은 혼자가 아닌 배우자와 함께 시작된다.

진짜 인생, 결혼으로 시작되었다. 나는 부모로부터 떠나 28세에 결혼을 하였다. 남편과 부부라는 연을 맺어 함께한 지 37년이 되었다. 되돌아보면, 부모와 함께 살 때는 일대 다수의 관계로 살았다. 부모와 동생들, 그중에 한 사람인 내가 있었다. 우리 형제들은 부모님의 사랑을 쟁취하려고 경쟁을 하였다. 결혼을 하니 일대일, 경쟁자 없이 부부로의 인생이 시작되었다. 결혼 전의 인생은 그야말로 결혼을 위한 전초전이었다. 결혼하면서 진짜 인생이 시작된 것이다. 사람이 세상에 온 목적을 달성하기 위한 것이었을까? 당시에는 왜 결혼을 해야 하는지 어떻게 결혼생활을 해야 하는지도 몰랐다. 그저 결혼하면 행복해질 것이라는 환상을 가지고 결혼을 했던 것 같다. 덕분에 불행이라는 스승을 만났던 것이었다. 그 스승은 나를 강하고 단단하게 단련시켰다. 결혼이 진짜 인생이라는 것을 체험하게 했다. 몸도 마음도 건강하지 못한 상태에서 이겨내느라 몹시 힘들었다. 이제 와서 생각해보니 나를 세상에 보낸 이유가 있었다. 부모를 잃고 고통을 경험하게 한 이유는 부모 잃은 사람들을 도우라는 뜻이 아닐까. 이제야 그것을 깨닫는다.

진짜 인생은 배우자 선택부터 달라야 한다. 결혼을 잘한 위닝북스 권동희 대표님의 말을 참고해볼 만하다. 우리는 어떤 배우자를 만나야 할까?

권동희 대표님은 배우자를 선택할 때 고려할 사항으로 5가지를 제안한다. 첫 번째, 어떤 배우자를 만날 건지 사소한 것부터 중요한 것까지 써본다. 두 번째, 내가 원하는 것부터 순서를 정한다. 세 번째, 배우자의 성향에 순위를 적는다. 네 번째, 1위 또는 2위의 나의 가치관에 맞는 사람을 선택한다. 순위가 앞일수록 아주 중요하다. 우선순위, 즉 중요한 가치관이 맞으면 후순위는 타협과 양보가 가능하다. 양보다 순위가 앞부분이 맞으면, 후순위는 별로 중요하지 않으므로 부부관계가 건강할 수밖에 없다. 결혼할 배우자의 선택 기준이 일반적인 것과 다르다.

배우자 선택 시 가치 기준이 맞아야 한다. 순위 1번에 해당하는 사람과 결혼을 해야 진정한 부부관계의 동반자로 행복한 삶을 살 수 있다는 것이다. 책을 좋아하는 사람이면 책을 좋아하는 사람을 가장 우선권에 두고 선택한다. 그 이하는 그리 문제가 되지 않는다는 것이다. 일반적인 배우자 선택 조건과 다르지 않은가. 일반적인 배우자의 조건인 학력이나 재력 등을 보는 것과는 다르다. 불행한 스승을 만나지 않으려면 배우자 선택을 잘해야 한다. 행복한 결혼생활을 위하여 배우자의 선택부터 달라야 한다.

진짜 인생, 술을 먹지 않는 사람을 선택했다. 나는 술을 못하는 사람이 우선이었다. 남편은 어느 날 친구의 소개로 내 앞에 나타났다. 남편은 50%만 맞으면 결혼하자고 했다. 확실히 반쪽을 구하는 것이었다. 이게 무슨 말이야? 내가 좋다는 거야? 싫다는 거야? 전형적인 충청도 양반의 말씀, 어찌 받아들여야 할까. 운명은 장난이라고 했던가. 운명의 장난은 그를 받아들이게 했다. 결혼을 약속했다. 술을 하지 못하는 사람이 웬 유머가 그리 많아? 덤으로 유머가 많은 사람이 나에게로 온 것이다. 결혼 전에 유머가 많은 그는 늘 나를 웃겨주었다. 웃음을 잃었던, 아니 웃을 줄 몰랐던 나는 늘 웃었다. 그는 내 허전한 가슴을 웃음으로 채워주었다. 그는 지금도 늘 웃게 만든다. 그때의 웃음과 같이 신선하지는 않지만 그 웃음은 여전히 삶의 활력소가 된다. 웃음의 소재가 자동으로 연산 작용을 일으켜 웃음을 유발한다. 그는 늘 웃음으로 가정을 환기한다.

늘 고민 속에 살았던 나도 이제, 곧잘 웃음을 유발한다. 늘 웃게 하는 그에게 웃음을 배웠다. 웃음은 우울함을 환기한다. 웃으면 엔도르핀이 많이 생긴다. 웃음은 행복한 결혼생활의 원천이 된다.

진짜 인생에는 참맛이 있어야 한다. 진짜 인생의 참맛은 어떤 맛일까?

결혼이란 제도, 개인의 생활을 구속하는 것 아닌가. 진짜 인생의 참맛을 느낄 수 있는 배우자의 기준을 정해보자. 결혼은 해도 후회, 안 해도 후회한다고 한다. 이 말이 맞는 말일까. 한 사람이 두 번 인생을 살 수 없는데, 어찌 두 번의 인생을 산 것처럼 말을 할 수 있을까. 통계치를 가지고 한 이야기일 것이다. 결혼해본 사람들이 결혼을 한 것을 후회한다고 했겠다. 결혼해보지 않고 결혼을 하지 않은 것에 대해 후회를 했다고 한다.

이왕이면 결혼해보고 후회하는 것이 좋겠다고 생각한다. 하지만 요즈음 결혼이 쉽지 않다고 한다. 집을 장만하는 비용이 엄청나고, 자녀 교육비도 만만하지 않기 때문이란다. 시대 따라 고민은 다 있게 마련이다. 시대 따라 고민을 해결할 방도도 있다. 무엇을 두려워하는가. 어떤 사람을 만날 것인지가 문제가 되어야 한다.

진짜 인생이 시작되는 결혼, 참맛을 느낄 수 있는 인생의 동반자를 잘 구해야 한다. 나의 가치 기준은 무엇인가? 인생에서 참맛을 느낄 수 있는 기준을 세워보자.

결혼에서 시작된 진짜 인생, 그 참맛은 달달함에 있었다. 우리 부부는 올해로 결혼 37년이란 차에 올랐다. 부모님들과 함께한 세월, 27년보다 더 많은 날들을 함께했다. 불행이란 훌륭한 스승을 배척하지 않고 배워서 위기를 잘 넘겼다. 그러고 보니 우리 부부에게 이름이 없었구나. 남들에게 불릴 이름을 지으면 좋겠는데 무슨 이름이 적절할까. '달달 부부' 어떤가? 우리 부부는 이름을 '달달 부부'로 짓기로 했다. 불행이란 훌륭한 스승의 가르침을 꼭꼭 새기면서 행복한 결혼생활을 하게 되었다. 그 행복함은 달달하기까지 하다. 서로가 말을 하지 않아도 배우자가 무엇을 하고 싶어 하는지 안다. 통하는 말들이 많다. 말이 통하니 언어의 유희도 자연스럽다. 웃음이 늘 끊이지 않는다. 무엇을 하든지 함께한다. 마실도 같이 간다. 함께할 때는 함께하고, 따로 할 때는 따로 한다. 서로의 눈빛으로 교감이 가능하다. 서로의 필요를 채워주려고 노력한다. 때로는 티격태격 다투기도 한다. 진짜 인생은 달달하다.

진짜 인생은 결혼에서 시작된다. 훌륭한 스승이 함께한 것일까? 진짜 인생은 밥벌이를 같이하면서 자녀를 함께 돌보고, 몸과 마음의 건강을 챙겨주며, 사랑해주는 배우자가 있는 가정에서 시작된다. 진짜 인생은 배우자 선택부터 달라야 한다. 어떤 배우자를 만나면 좋을까? 결혼 잘한 위닝북스 권동희 대표님이 제안한, 배우자를 선택할 때 고려할 사항 5가지를 참고해보자. 진짜 인생에는 참맛이 있어야 한다. 결혼이란 제도는 개인의 생활을 구속하는 것이 아니라, 진짜 인생의 참맛을 느낄 수 있는 시작이다.

2

부부 중심으로 재편하라

F. 스콧 피츠제럴드는 "한 번 실패와 영원한 실패를 혼동하지 말라."고
했다. '행복할 줄 알았는데 왜 불행할까.란 생각이 들면서 이혼이란 것도
생각해볼 수 있다. 이는 생각을 잘못하여 일어난 실패담이다. 한 번의 생
각으로 실패에 사로잡혀 사는 부부가 있다. 더욱이 상처를 입은 부부들
은 부정적인 생각에 매여 사는 경우가 많다. 이제 부부 중심으로 재편을
해보자. 상처로 인한 모든 것들을 실패로 여기고 회복할 수 없을 것이라
는 혼동을 없애자.

부부 중심으로 재편해야 한다. 모든 부부는 서로 존중받기를 원한다.
이는 인간 대 인간으로 살고자 하는 욕구 때문일 것이다. 싸움하는 부부

의 이야기를 들어보면, 남편이나 아내가 서로 무시를 받는다는 느낌이 많다고 한다. 이는 인간으로 존중을 받지 못하는 데에서 기인한다고 볼 수 있다. 부부는 인간의 존중으로 시작해야 한다. 인간의 존중으로 맺어진 남편과 아내의 자리로 재편이 이루어져야 한다.

남편과 아내의 자리로 재편되려면 각각의 역할을 찾아야 한다. 대가족 시대의 남편과 아내가 아닌 핵가족 시대의 역할을 찾아야 한다. 대가족 시대의 남편은 집안일을 하면 안 되는 사람이었다. 핵가족 시대의 남편은 집안일을 함께해야 한다. 핵가족 시대는 맞벌이 시대, 부부는 경제활동과 집안일도 같이해야 하다. 맞벌이 시대에 집안일을 여자의 할 일로만 여기는 것은 아닌가. 부부 중심으로의 재편은 경제활동은 물론 집안일까지 포함한다. 부부 중심으로 재편해야 하는 이유와 부부 중심으로 재편하는 방법을 한번 찾아보자.

핵가족 시대 부부 중심으로의 재편은 어떻게 해야 할까? 핵가족 시대의 부부 중심으로의 재편을 어떻게 해야 하나 생각해보자. 부부가 서로를 존중하며 재편이 되어야 한다. 인간을 존중하는 마음으로 재편이 되지 않으면 만사가 꼬인다. 인간을 존중하는 마음으로 재편된다면 여타의 것들은 수월하게 진행될 수 있다. 부부 중심으로의 재편 시, 다음 11가지를 고려해보자.

첫 번째, 인간 대 인간으로 만나라.

두 번째, 부부의 공동 목표를 정하라.

세 번째, 양가로부터 독립하라.

네 번째, 서로가 잘하는 것으로 역할 분담하라.

다섯 번째, 긍정적인 언어를 사용하라.

여섯 번째, 취미나 운동을 같이하라.

일곱 번째, 의미 있는 일을 함께하라.

여덟 번째, 배우자의 자존감을 높여줘라.

아홉 번째, 배우자와 미래의 꿈을 공유하라.

열 번째, 배우자의 자기계발을 적극적으로 지원하라.

10가지에 의한 재편을 한다면 행복한 결혼생활이 될 것이다. 부부는 기본적으로 인간 대 인간으로 만나 존중으로 재편이 되어야 한다. 공동 목표를 정하는 것과 양가로부터 독립하는 것이 얼마나 중요한지 아는가. 제대로 역할 분담을 하자. 늘 긍정적인 언어를 사용하고 취미나 운동을 같이하며, 의미 있는 일을 함께하는 것이 중요하다. 배우자의 자존감을 높여주면서 미래의 꿈을 공유하고, 자기계발을 지원하는 것으로 재편해 보자.

부부 중심으로 재편을 해야 하는 이유. 부부가 서로 존중하는 마음으로 재편되어야 하는 이유는 분명하다. 부부가 겉으로만 부부이고 속으로는 각자가 다른 방향을 보고 간다면 어찌 되겠는가. 부부의 싸움을 가만히 들여다보면 인간 대 인간으로 살고자 하는 요구가 가장 크다. 인간은 자기가 존중받지 못하면 남자와 여자의 싸움으로 발전한다. 부부 중심으로의 재편은 인간을 존중하는 것을 기본으로 갖추어야 한다. 기본이 갖추어지지 않은 상태에서는 부부 중심으로의 삶은 어려워질 수 있다. 그 이후 남편과 아내의 역할을 찾아서, 부부 중심으로 재편해야 한다. 기본적으로 인간존중은 겉과 속이 같아야 한다는 것이다. 겉과 속이 같은 부부가 같은 방향을 바라보고 가면 부부생활이 행복해진다. 불행을 느끼는 것은 부부가 같이 가야 할 방향이 맞지 않은 경우가 많다. 부부 중심으로의 재편은 모든 중심에 부부가 있어야 한다. 모든 일에서 부부가 중심이 되어야 한다.

부부 중심으로 재편을 해야 했던 이유. 우리 부부가 부부 중심으로 재편하지 못한 이유가 있다. 인간을 존중하는 기본이 되어 있지 않아서였다. 가부장적인 사고로 만난 우리는 늘 갈등이 있었던 것이다. 갈등은 불화를 일으키고 불화는 결국 싸움이 되었다. 서로 부정적인 대화 방식으로 상처를 남기는 일이 계속되었다. 인간을 존중하는 마음이 없었기 때문에 힘이 들었다. 남편 또한 자기도 모르게 습득된 가부장적인 사고방식으로 아내의 요구를 받아들이지 못하여 힘들었을 것이다. 현시대는 인간을 존중하지 않으면 살아갈 수 없다. 현시대의 남편은 가사를 분담하여야 한다. 남편은 이제야 현시대의 흐름을 직시하고 집안일도 한다. 부부 중심으로 재편을 해야 했던 가장 큰 이유는 인간 대 인간으로 살지 못하여 무시당하기 때문이었다. 인간의 존중감으로 남편과 아내의 역할을 하게 되었다. 역할 분담에 대한 부담을 가졌던 남편은 이제는 부담이 적어졌다. 우리 가정에 맞는 역할 분담으로 부부 중심의 재편은 필수였다. 주말부부로 살았던 때와 퇴직하여 함께 사는 부부의 역할로 재편을 하였다.

부부 중심으로 재편하는 방법. 어떻게 부부 중심으로 재편을 하면 좋을까? 모든 것을 부부 중심으로 재편을 한다. 서로 마음과 목적, 목표를 정하고 그에 따라 재편을 하면 된다고 생각한다. 첫 번째, 서로 존중하는 마음을 갖자. 두 번째, 부부연수를 해보자. 세 번째, 공동 목표를 정해보자.

서로 존중하는 마음을 가지고 인간 대 인간으로 만나라. 부부연수에서 먼저 할 일은 양가로부터 과감히 독립하는 방안을 강구해보자. 독립하여 남편은 처가에 잘하고, 아내는 시댁에 잘해보도록 해보자. 그리고 배우자의 자존감을 높여줘보자. 배우자의 자존감은 상대에게 인정을 받거나 존중을 받을 때 올라간다. 서로 간에 존칭어를 사용해보자. 끝말을 '요'로 바꾸어보자는 것이다. 서로 원하는 일을 지지해보자. 부정적인 대화 방식은 애써 피하라. 그다음에 공동 목표를 정해보자. 공동 목표를 정하면서 역할 분담을 제대로 해보자. 부부가 같이 할 수 있는 일이 있는가. 없다면 취미도 좋고 운동도 좋다. 같이 할 수 있는 한 가지를 해보자. 이것이 만족이 되겠는가. 무엇인가 의미 있는 일을 함께하면 좋겠다. 또 배우자와 미래의 꿈을 공유하자. 혼자서 간직하고 있던 꿈을 이루도록 도와주자. 그리고 배우자의 자기계발을 적극적으로 지원하라. 마지막으로 한 가지만 더 해보자. 서로 한편이 되는 것이다. 누구를 만나든지 한편이 되는 것이다.

우리만의 부부 중심 재편 방법. 우리는 부부 중심으로 재편을 하는 방법으로 3가지에 중점을 두었다. 하나는 인간 대 인간으로의 삶에 초점을 맞추는 일이었다. 가부장적인 사고의 소유자인 남편이 인간 대 인간으로의 만남을 인정하지 않아서 어려웠다. 예전과는 다르게 요즈음은 가부장적인 사고가 많이 희석되었다.

또 하나는 우리 부부의 마음을 맞추는 일이었다. 한마디로 부부는 한편이 되어야 한다는 생각을 늘 하였다. 부부가 한편이 되지 않고는 부부 중심으로의 재편은 요원하다. 어떤 경우든지 부부는 한편이 되어야 한다. 나는 애초부터 그 생각을 했지만 실현되기까지는 수많은 세월이 걸렸다. 가부장적인 사고방식을 가진 남자일수록 어려운 것 같다. 그리고 고정 관념에 사로잡혔거나 정당성을 주장하는 사람도 어렵다. 하지만 될 때까지 해보라.

지금은 경제활동도 같이하고, 가사도 공동으로 분담하게 되었다. 밖에서 함께 일하고, 집안에 들어오면 나 혼자 밥하고 빨래하고 청소하던 이전의 생활을 청산했다. 이제는 내가 밥을 하면, 남편은 빨래하고 청소한다.

부부 중심으로 재편하라. 모든 부부는 서로 존중받기를 원한다. 이는 인간 대 인간으로 살고자 하는 욕구가 있다는 것이다. 부부 중심으로의 재편이 가능한가? 할 수 있다. 부부는 겉과 속이 같아야 한다. 겉으로는 부부이고, 속으로는 각자가 다른 방향을 보고 간다면 불행할 것이다. 어떻게 부부 중심으로 재편을 하면 좋을까? 모든 것을 부부 중심으로 재편을 해야 한다. 서로 마음과 목적, 목표를 정하고 그에 따라 재편을 하면 된다.

3

배우자의 장점을 찾아라

우리는 배우자의 단점을 공격하기만 한다. 동아프리카 속담에 "길을 잃는다는 것은 곧 길을 알게 된다는 것이다."라는 말이 있다. 배우자의 장점을 어떻게 찾을 수 있을까? 동아프리카의 속담에 비유하면 '배우자의 장점을 찾지 못하고 헤맨다는 것은 곧 배우자의 단점을 알게 된다는 것이다.'로 이해할 수 있다. 우리는 배우자의 단점만을 가지고 공격하려고 한다. 하지만 모든 사람은 장점과 단점을 다 가지고 있다.

결혼하여 불행하다고 느끼는 사람들은 배우자의 장점은 보지 않았는지, 오직 단점에만 초점을 맞추지 않았는지 돌아볼 일이다. 사람은 장단점을 다 가지고 있다는 사실을 다시 한 번 상기할 필요가 있지 않을까.

배우자의 장점이 얼마나 될까? 배우자의 장점을 찾는 방법에는 어떤 것이 있는지 생각해보자.

확대경으로 배우자의 장점을 찾아보자. 사람들은 누구나가 자신의 단점보다는 타인의 단점을 더 잘 보는 것 같다. 장점도 자신의 장점보다 타인의 장점이 더 잘 보이면 좋으련만, 장점을 보는 눈은 침침하기만 하다. 그것이 문제다. 결혼한 부부는 늘 고민에 쌓인다. 콩깍지가 벗겨지면서부터 배우자의 단점이 잘 보이기 시작한다. 콩깍지는 빛의 속도로 빠르게 벗겨진다. 자신의 단점은 보이지 않고, 배우자의 단점만이 보름달처럼 환하게 다가온다. 이대로 가다가는 결국, 불행 속에서 살 수밖에 없을 것이라는 불길한 예감에 사로잡힌다. 자식이 있어서 이혼도 하지 못한다며 신세타령이 나온다. 이렇게 살기는 싫은데 마음대로 되지 않는다. 자식이 끈이라고 자식을 볼모로 잡는다. 그러면서도 한편, 자신들의 인생을 자식에게 저당 잡히지는 말아야겠다는 마음이 든다. 배우자의 장점을 찾기 위해 노력을 한다. 배우자의 장점이 희미하다. 진정 배우자의 장점을 찾고 싶은가? 확대경으로 한번 찾아보자.

착한 남편의 모습이 돌아왔다. 결혼 전에 착하게 보였던 남편의 모습은 어디로 간 것일까? 내가 생각했던 착한 남편의 기준은 나의 가려운 곳을 잘 긁어주는 사람이었다. 처음에는 나의 가려움을 잘 긁어줬다. 소파에서 자면 안아다가 침대에 들어다 뉘어주었다. 그러던 남편이 한때는 방에 가서 자라고 발로 툭툭 찼다. 왜 방에 들어가서 자지 않고 거실에서 자냐면서 자는 사람을 깨운다. 나는 자는 사람을 깨우는 사람이 제일 싫다. 잠은 가장 기본적인 생리적 현상이다. 게다가 자다가 깨면 잠을 잘 수가 없다. 어떤 때는 밤을 꼬박 새운다. 그런 남편에게 화가 난다.

요즈음은 남편이 새로운 모습으로 돌아왔다. 남편은 내가 잠잘 때 깨우는 것을 싫어한다는 것을 안다. 그래서 깨우지 않는다. 거실에서 자게 되면 그냥 이불만 갖다가 덮어준다. 방에 침대를 없애버렸기 때문에 방에 들어다줄 필요가 없어서 들어다주지 않는 것이 아니다. 잠자는 것을 깨우면 싫어하기 때문에 잠을 깨우지 않으려는 것이다. 나를 편안하게 하려는 착한 마음 때문이다.

확대경으로 마음의 장점을 찾아라. 우리 부부는 가시적인 것을 보기 위해서는 다양한 확대경을 마련하지만 마음의 눈은 배우자의 장점을 보지 못하고 있다. 가시적인 확대경으로 어떤 사람은 안경을 맞추어보려고 한다. 또 다른 사람은 돋보기로 본다. 다초점렌즈로 보려고 한다. 렌즈를 눈 속에 넣었다 빼면서 보려고 한다. 라식수술을 해보려고 한다.

일반적으로는 가시적인 것들을 보기 위하여 노력한다. 반면에 마음의 눈으로 보려는 노력은 미약하게 보인다. 확대경으로 본 배우자의 장점은 헤아릴 수 없이 많았다. 배우자의 장점을 확대경으로 찾아라. 침침한 눈을 밝혀라. 불행하게 느꼈던 이유는 배우자의 장점을 멀리하기 때문이라고 생각한다. 우리 부부는 행복해질 수 있는 것들을 모르며 살고 있다. 단지 나에게 느껴지는 불행하다는 생각만 하며 살고 있다. 우리는 가시적으로 시력이 약해지면 모든 사물을 잘 볼 수가 없다. 사물을 보고도 제대로 평가를 할 수 없다. 사물을 볼 수 없으면 답답함을 느낀다. 답답함을 해소하려고 여러모로 노력한다. 드디어 확대경을 구입한다.

배우자의 장점을 보기 위하여 어떤 노력을 해보았는가? 사람에게는 마음의 눈이라는 게 있다. 관용의 눈이 있고, 용서의 눈, 위로의 눈, 격려의 눈 등이 있다. 이들의 눈을 한번 제대로 사용해보았나? 이제라도 마음의 확대경을 써보자. 그리하여 배우자의 장점을 찾아보자.

배우자의 장점, 그렇게 많았어? 결혼 초기에 장점이 잘 보였던 초롱초롱했던 눈망울은 콩깍지가 벗겨지면서 희미해져갔다. 희미해진 시력은 배우자의 단점은 크게 보고, 장점은 흐리게 보는 것이다. 배우자의 장점은 세력이 약해지고, 단점의 세력만 강해진 것이다. 배우자가 결혼 전과 결혼 후에 장점이 달라 보이는 것이 이상했다. 급기야 확대경으로 장점을 찾아본다. 단점 옆에 아련히 보이던 장점이 보인다. 배우자의 착한 마음이 보인다. 진심으로 사랑하는 마음도 보인다. 세심함도 보인다. 추진력도 보인다. 결단력도 보인다. 나의 꿈을 실현해주는 관대함도 보인다. 가정을 안정적으로 이끌어가는 모습도 보인다. 아이들에게도 최선을 다하는 모습이 보인다. 남에게 나를 칭찬하는 모습도 보인다. 유머로 늘 웃음을 자아내는 모습도 보인다.

확대경으로 보니 단점이 사라졌다. 남과 비교하는 말이 없어졌다. 남의 탓으로 여기던 말도 숨어버렸다. '왜'라는 말도 사라졌다. 지시하던 말도 맥을 추지 못하고 흐느적거린다. 미주알고주알도 사라졌다. 복장을 터지게 했던 일들도 없어졌다. 영혼 없는 말만 오고 가던 사이도 사라졌다. 점점 멀어지던 남편은 가까이 왔다. 불행하게 생각했던 생각도 찾아볼 수 없다. 착각의 껍질도 벗겨졌다. 부정적인 대화 방식도 보이지 않는다. 불화의 원인도 사라졌다.

배우자의 장점이 보이지 않았던 이유. 부부 싸움을 할 때 보면 배우자의 장점은 하나도 없는 것 같다. 남편의 단점은 자기 생각에 맞지 않으면 남이 있든지 없든지 바로 쏴버리는 면이다. 자기 공치사를 잘한다. 오직 이러한 배우자의 단점만 꼬집어 공격한다. 아내는 남편에게, 남편은 아내에게 서로의 단점만 지적한다. 어찌하여 배우자의 단점만을 그토록 후벼 파는지 모르겠다. 단점에만 초점을 맞추면서 배우자가 점점 멀어진다거나 대화를 할수록 더 멀어진다고 서운해한다. 배우자의 장점이 보이지 않았던 이유가 분명하다. 오직 배우자의 단점에만 초점을 맞추었기 때문이다.

외조의 왕 남편. 남편은 내가 원하는 꿈을 이루게 해주었다. 공부를 할 수 있도록 도와주었다. 책을 쓰도록 적극적으로 지지해주고 있다. 결혼하면서 하나의 착한 기준은 내가 하고 싶은 것을 하게 해주는 것이었다. 기대에 잘 부응해주었다.

그런 것은 까맣게 잊어버리고 자기계발을 도와주는 남편의 마음은 뒤로하고 불평만 하였다. 나는 요즈음 눈이 침침하다. 확대경으로 남편을 본다. 남편의 장점이 보인다. 나의 편이 되어줄 수 있는 사람이라고 말해주고 있다. 내가 말할 때, 누구 앞에서든지, 언제든지, 어디서든지, 무슨 말을 하든지, 이유 불문하고 나와 다른 의견을 말하지 말라고 말이다. 무조건 내 편이 되어주길 주문하고 있다. 남편은 서서히 그 말에 따라주고 있다. 도저히 먹힐 것 같지 않던 그 방식이 통하고 있다. 바로 이것이 남편의 장점이다. 그것이 고맙다. 그것이 결혼 전에 착하게 보였던 남편 모습이다. 내 눈이 잘못된 것이 아니었다. 나의 시력이 쇠하면서 잘 보이지 않던 것이다. 남편의 장점을 찾으니 내가 좋다. 내가 바라는 것은 바로 이것이다.

이제는 배우자의 장점을 찾아보자. 우리는 배우자의 단점을 공격하기만 한다. 확대경으로 배우자의 장점을 찾아보자. 사람들은 누구나 자신의 단점보다는 타인의 단점을 더 잘 보는 것 같다. 장점도 자신의 장점보다 타인의 장점이 더 잘 보이면 좋으련만, 장점을 보는 눈은 침침하기만 하다. 그것이 문제다. 결혼 전에 착하게 보였던 남편의 모습은 어디로 간 것일까? 내가 생각했던 착한 남편의 기준은 나의 가려운 곳을 잘 긁어주는 사람이었다. 확대경으로 마음의 장점을 찾아라. 우리 부부는 가시적인 것을 보기 위해서는 다양한 확대경을 마련하지만, 마음의 눈은 마련하지 못하고 배우자의 장점을 보지 못하고 있다. 배우자의 장점, 그렇게 많았어? 결혼 초기에 장점이 잘 보였던 초롱초롱했던 눈망울은 콩깍지가 벗겨지면서 희미해져갔다. 배우자의 단점은 크게 보이고, 장점은 흐리게 보이는 것이다.

4

결혼은 인생의 종합예술이다

결혼은 예술가의 작품과 같다. 모리스 드 블라맹크는 "예술가의 작품은 그 삶의 꽃이다."라고 했다. 결혼은 인생의 종합예술관이다. 결혼은 인생의 종합예술로 피어난다. 결혼은 부부가 만들어내는 합작품이다. 만들어내는 과정에는 인생의 모든 것이 녹아 있다. 결혼은 종합예술관에서 종합예술로 피어난다. 모리스 드 블라맹크가 "예술가의 작품은 그 삶의 꽃이다."라고 한 것처럼 결혼은 부부의 삶이 꽃으로 피어나는 것이라고 생각한다. 신이 내린 선물을 기꺼이 받았는가. 결혼을 하였다면 양가로부터 먼저 독립을 하여야 한다. 그리고 공동 목표를 세우고, 배우자와 함께할 수 있는 일을 해보자. 그러다 보면 기쁨으로 행복의 꽃이 필 것이다. 결혼은 인생의 종합예술관이 될 수도 있다. 그곳을 한번 들여다보자.

결혼은 부부의 예술작품. 결혼은 부부가 빚은 예술작품이다. 결혼하여 독립가정이 되었다면, 부부 공동 연수의 날을 정하여 공동 목표를 정해 보자. 부부가 하나가 되어 양가의 부모님을 섬겨보자. 행복하려고 했는데 왜 불행한지 몰랐던 일, 대화의 기술이 부족해서 싸워야 했던 일, 마치 공공의 적이라도 되는 양 배우자를 공격했던 일, 결혼하면 불편한 것이 없을 줄 알았는데 불편했던 일, 무엇을 얻으려고 결혼했는가 한탄했던 일, 배우자를 잘못 만났다고 후회했던 일, 천하에 기댈 곳 하나 없었던 서러움과 슬픔, 외로움, 괴로움, 한숨지었던 일, 점점 남의 편이 되어가는 남편에 대한 서운함, 대화하면 할수록 멀어져만 가는 남편과 헤어져야 하나 고민했던 일, 밥만 하는 여자로 살아야 하나 하며 한탄했던 일, 영혼 없는 말만 오고 가는 사이로 살았던 일, 싸우고 나서 세탁기를 잡고 울었던 일, 복장이 수없이 터졌던 일, 미주알고주알 말하는 남편이 보기 싫었던 일을 녹여서 작품을 만들었다. 그랬더니 배우자의 장점을 찾고 배우자의 자존감을 높였다. 지금은 부부가 의미 있는 일을 함께하면서 산다. 미래의 꿈을 공유하였더니 그토록 원했던 작가의 꿈이 이루어졌다. 작가의 꿈과 함께 행복이 깃든 종합예술의 꽃이 피어났다.

결혼은 부부의 예술작품. 우리 부부는 결혼을 예술작품으로 만들어냈다. 서로의 성격이 너무도 강해서 힘들었지만 부드럽게 주물렀다. 우리 부부가 이 세상에 온 목적은 많은 것을 경험해보기 위한 것이라는 것을 알게 되었다. 부부라는 연을 맺고 한집에서 사는 것이 쉽지만은 않았다. 구름에 달 가듯이, 소풍 가듯이 살아가면 된다는 것을 인생 후반에야 느끼게 되었다. 부부가 한 배를 타고도 목적 없이 노를 젓다가 갈팡질팡하였다. 한 발짝도 앞으로 갈 수 없었던 것을 돌아보고, 공동의 목표를 정한 후에 노를 다시 저었다.

이제는 목표가 분명해져서인지 서로를 의지하고 서로의 편이 되어 달달하게 살아가고 있다. 서로가 하는 일을 지지해주고, 원하는 것을 밀어주는 그러한 사이가 되었다. 책을 쓰고 있을 때 남편의 외조가 빛을 발했다. 아침마다 고로쇠액을 갖다주었다. 밥도 한 끼는 스스로 해결했다. 빨래며 청소며 다 한다. 택배 배송은 혼자 다 한다. 책 쓰는 데 방해가 되지 않도록 모든 것을 조심히 해준다. 전적인 지원을 해주는 덕분에 예술작품을 만드는 일이 수월하다.

결혼은 인생의 종합예술로 피어난다. 이혼율이 점점 늘어가는 때 도저히 해결될 것 같지 않았던 부부 문제가 해결되었다. 남편과 아내 되는 시간을 가졌더니, 가부장적인 사고가 변하였고, 역할 분담도 잘되었다. 문제와 행동을 구분하지 못하던 혼동도 정리되었다. 부정적인 대화 방식으로 늘 싸움의 고리였던 갈등도 해소되었다. 서로 편이 되어주는 연습을 하여 세상에 오직 하나뿐인 내 편이 되어가고 있다. 서로 최선을 다하는 부부가 되었다.

부부 중심이 되지 못하여 어려웠던 부분은 부부 중심으로 재편하였더니 해결이 되었다. 진짜 인생은 결혼에서 시작되었다. 행복의 문이 2개나 된다는 것을 모르고 살다가 행복이 가까이 있는 것을 알게 되었다. 행복하려고 한 결혼, 행복할 수 있다는 것이 여실히 증명되었다. 불행하다고 생각했던 것들은 모두 녹여냈다. 부정적인 대화 방식이 긍정적으로 바뀌었다. 도저히 해결할 수 없었던 일들을 해결하는 기적 같은 일들이 일어났다. 부부 중심인 듯했으나 부부 중심이 아닌 부부들의 삶이 얼마나 많은가. 남편과 아내로 자리 잡을 때 비로소 행복의 문으로 다닐 수 있는 것이다. 시대 따라 살아가려면 너와 내가 바뀌지 않으면 안 된다. 우리는 늘 변화할 자세를 가져야 한다. 그때 결혼을 인생의 종합예술로 꽃피울 수 있다.

결혼은 인생의 종합예술로 피어났다. 우리는 결혼을 하면 자동으로 남편과 아내가 되는 줄 알았다. 아내는 바로 아내가 되는 경우가 많다. 하지만 남자는 남편이 되기까지 많은 시간을 요구한다. 아내는 아내가 먼저 되었지만, 남편이 되기까지 기다린다. 남편이 남자로 오랫동안 하던 일을 그대로 할 수 있기 때문이 아닌가 한다. 여자는 모든 일을 접고 아이를 낳아야 하는 일이 있기에 빨리 아내가 되는 것 같다. 여자는 생명을 잉태하는 신비로움까지 맛을 본다. 남자는 아이의 모습만 보고 즐거움만 느낀다. 남자와 여자가 남편과 아내가 되는 데 시간은 필수였다. 우리는 그렇게 남편과 아내가 되었다.

인생은 시간과 돈과 노력이 모두 녹아 있다. 이 모든 것이 잘 버무려졌다. 이창순의 인생은 어릴 적에는 부모의 이혼으로 고통 속에서 살았다. 17살에 가출을 하는 소동을 일으키기도 했다. 몇 번이나 자살도 하려고 했다. 결혼하고도 이혼의 위기를 맞았다. 건강에 이상이 와서 또 한 번 우울감에 시달려야 했다. 결국 이창순의 인생은 종합예술의 꽃을 피웠다. 이창순이 결혼을 종합예술로 꽃을 피웠듯이 결혼은 얼마든지 종합예술로 꽃을 피울 수 있다.

결혼은 인생의 종합예술관이다. 결혼은 쉬우나 가정은 어렵다는 말이 있다. 결혼을 한다고 가정이 잘 돌아가기는 어렵다는 말이다. 사랑해서 이루어진 결혼, 가정이란 현실을 맞으면 불편이 따르고 부조화가 생긴다. 가정이란 공동체를 운영하려면 사랑이 있어야 하고, 돈이 있어야 한다. 사랑만 있고, 돈이 없으면 가정은 이루어지기 어렵다. 반면에 돈이 있고, 사랑이 없어도 가정이 유지되기 어렵다. 사랑과 돈이 반드시 같이 있어야 한다. 부부가 맞벌이를 하는 경우, 집안일을 공동 부담해야 한다. 집안일을 해보지 않은 남자들은 집안일이 쉬운 줄 안다. 어떤 70살 어른의 말씀이 생각난다. 아내가 먼저 가셔서 밥을 손수 해드셔야 하는 상황이 왔다고 한다. 아내가 살아 계실 때는 집안일은 손도 대보지 않았는데 모든 것을 혼자서 다 해야 하더란다. 밥하는 것부터 김치 담그고 반찬 만들고 설거지를 하였단다. 집안 청소며 빨래도 할 수밖에 없어서 하는데 그렇게 손이 많이 가는 줄 몰랐다고 한다. 그제야 아내가 얼마나 많은 일을 해왔는지 알았다고 한다. 그런 말이 있다. 집안일은 해도 해도 표시가 안 나지만, 안 하면 표시가 난다고. 여자들이 아무리 많은 집안일을 해도 표시가 나지 않으니 하는 말이다. 돈을 버는 사람들은 돈이라도 내놓을 수 있지, 집안일을 하면 돈이 나오는가. 가정은 많은 시간과 일, 사랑으로 버무려야 한다. 부부가 서로 많은 고뇌를 해가면서 이루어간다. 인생의 모든 역경이 다 녹여져 있다. 결혼은 인생의 종합예술관이다.

결혼은 인생의 종합예술관이다. '인생의 종합예술관에서 결혼생활 잘하는 법'이란 주제로 쓴 『결혼생활 행복하세요?』 책이 전시되어 있다. 1장에는 '행복하려고 했는데 왜 불행할까?' 고민했던 흔적을 찾아볼 수 있다. 2장에는 '왜 점점 남의 편이 되어가는 걸까?' 소외감도 느껴볼 수 있다. 3장 '노력하지 않고도 내 마음 같은 배우자는 없다'에서는 노력한 모습들을 더듬어볼 수 있다. 4장에서는 '상처뿐인 결혼생활을 회복하는 기술 8가지'도 익혀볼 수 있다. 5장에서는 부부관계 더 좋아질 수 있다고 증명한 것들도 볼 수 있다. 이창순 작가에게 닥친 모든 시련은 예술의 꽃을 피우려고 한 신의 계획이었다. 시련이 왔을 때는 '왜 나에게만 시련이?' 하늘을 원망하고 세상을 저주하였다. 지금은 다 그릇을 만들기 위한 연단이었다는 것을 알게 되었다. 결혼은 모진 고통 속에서 견뎌낸 인고의 세월이 녹아 있는 종합예술관이다.

　결혼은 부부의 예술작품. 결혼은 부부가 빚은 예술작품이다. 결혼을 하여 독립가정이 되었다면, 부부 공동 연수의 날을 정하여 공동 목표를 정해보자. 부부가 하나가 되어 양가의 부모님을 섬겨보자. 결혼은 인생의 종합예술로 피어난다. 이혼율이 점점 늘어가는 때 도저히 해결될 것 같지 않았던 부부 문제가 해결되었다. 남편과 아내 되는 시간을 가졌더니, 가부장적인 사고가 변하였고, 역할 분담도 잘되었다. 문제와 행동을 구분하지 못하던 혼동도 정리가 되었다. 결혼은 인생의 종합예술관이다. 행복은 노력하는 자의 것이다. 행복은 결과다.

5

결혼은 신이 내린 선물이다

    신은 왜 남자와 여자를 같이 살게 했을까? 성경에 "여호와 하나님이 가라사대 사람의 독처하는 것이 좋지 못하니 내가 그를 위하여 돕는 배필을 지으리라 하시니라."(창 2:18)라고 적혀 있다. 혼자 사는 것이 좋지 않아서 결혼하라고 하였단다. 그래서 그랬나? 적령기가 되면 짝을 꼭 지어주어야 한다고 생각했다. 신의 대리인 부모님들은 자녀가 결혼하지 않으면 자신을 자책했다. 당신들이 죽기 전에 자식은 꼭 결혼을 시켜야 한다고 했다. 신의 마음이 곧 부모님의 마음인 것 같다. 최근에 결혼하지 않고 사는 사람들이 많아졌다. 신은 얼마나 보기 싫을까? 요즈음에는 신의 대리인 부모님도 혼자 사는 것이 보기는 싫지만 강력하게 말하지 못한다. 이미 결혼한 사람들도 결혼하지 않은 사람들을 보면 좋지 않아 보이지만 말을 하지 못한다. 결혼하지 않겠다는 사람들은 어떤 생각을 하고 있을까. 신이 내린 선물을 어떻게 누리면 좋을까? 신이 내린 선물을 어떻게 관리를 할까?

신이 내린 첫 번째 선물 결혼. 신은 사람이 혼자 사는 것이 좋아 보이지 않는다며, 결혼이란 선물을 주셨다고 한다. 요즈음은 그 선물을 받지 않으려는 사람들이 많다. 불과 몇 년 전까지만 해도 선물을 거부하는 사람들이 그리 많지 않았다. 결혼은 해도 되고 하지 않아도 되는 일이 아니었다. 신의 지상명령이었다. 신의 선물을 받을까, 말까? 선물은 받으면 좋겠다고 생각하는 사람들이 신의 선물은 받으려 하지 않는다.

하긴 나도 결혼 37년을 맞으면서 결혼이란 혼자 사는 것이 보기가 좋지 않아서 신이 내려준 선물이라는 생각이 들었으니 오죽하겠는가. 지난 해까지만 해도 이렇게 깊은 생각을 하지 못하였다. 남편의 단점만 보았기 때문이었던 것 같다. 나의 욕심만으로 기대치만 한껏 높았던 것 때문이기도 했다.

신은 선물을 거부하는 사람들을 어떻게 생각할까? 신의 선물을 무조건 받았으면 좋겠다는 생각이다. 신은 선물을 주실 때 나쁜 것을 주지 않을 것이다. 사람에게 희열을 맛볼 수 있는 것을 주셨다.

결혼을 하기 전에는 신의 뜻도 몰랐다. 내가 결혼할 당시에는 사람은 결혼해야 한다는 것이 일반적이었다. 간혹 결혼하지 않고 혼자 사는 사람들이 있기는 있었다. 결혼해야 한다는 것이 자동으로 습득된 것 같다. 결혼해서 잘 살고 못 살고는 그다음 문제였다. 나는 결혼을 하는 것에 자신이 없었다. 하지만 지금의 남편과 인연이 되어 결혼하게 되었다. 결혼하고 싶지 않다고 해도 친구가 소개해주었다. 하지만 결혼을 하여 수많은 난관이 있었지만 이는 다 지나가는 과정이었다. 결혼이란 선물은 참으로 신기했다. 어느 날은 날이 맑게 개었다가 갑자기 흐려졌다. 또 비가 오다가 눈이 오기도 하였다. 그렇게 수많은 날이 지나갔다. 위태로운 적이 있기는 했지만 물 흐르듯이 흘러갔다. 이제는 결혼이 신의 선물이라는 것을 알게 되었다. 왜 신이 선물로 결혼을 주었는지 말이다. 인간은 혼자서는 살아가기 힘든 창조물이기 때문이라는 것을 알게 되었다. 내가 못하는 것은 배우자가 한다. 배우자가 못하는 것은 내가 한다. 그렇게 서로 핑퐁게임을 하듯이 주고받으면서 살고 있다. 때로는 티격태격 싸우기도 한다. 그런 가운데에 많은 행복의 꽃이 폈다.

신이 내린 또 하나의 선물. 신은 혼자 있는 것이 보기가 좋지 않아서 결혼을 선물로 주셨다. 선물 하나로 그치지 않고 또 다른 선물을 주셨다. 바로 자녀를 주신 것이다. 자녀를 잉태하여 낳아 기르라는 것이었다. 자녀를 기르면서 행복도 느껴보라는 것이 아니겠는가. 결혼하지 않으면 느꺼볼 수 없는 출산의 체험은 이루 말할 수 없는 일이다. 그들을 키우면서 느끼는 행복은 이루 말할 수 없다. 딸도 낳고 아들도 낳아 기르면서 우리는 그들로부터 많은 힘을 얻는다. 한 생명 한 생명이 얼마나 귀한지 모른다. 자녀를 낳아서 기르고 또 낳아서 길러보라. 신이 내린 결혼의 선물, 그들을 돌보면서 사람은 부모가 된다. 어른이 된다. 자녀를 낳아본 사람과 낳아보지 않은 사람은 또 다른 차이가 있다.

신은 또 다른 선물을 주셨다. 딸과 아들을 고르게 주셨다. 당시에는 건강이 좋지 않아서 둘을 두기에는 무리가 있다고 생각했으나 아들까지 주셨다. 딸은 세상에서 가장 예쁜 딸로 키웠다. 아들은 훌륭한 아들로 자라줬다. 저들의 부모로 살아간다는 것이 얼마나 기쁜지 모른다. 각자 자기 역할을 잘 하는 아이들로 자랐다. 자기 하고 싶은 것들을 하면서 산다. 키울 때는 참으로 힘들었다. 결혼을 늦게 하다 보니 힘에 부친 것이다. 연년생이 쌍둥이보다 키우기가 더 힘들다고 하는 말이 있듯이 힘들었다. 자식들에게 속을 썩는 부모들이 많은데 우리 아이들은 부모의 속을 썩이지 않았다. 부모의 바람대로 자식들이 커주는 일이 그리 흔하겠는가. 남편과 나는 아이들에 대해 만족하고 있다. 기특하기만 하다. 남매간에도 사이좋게 잘 지낸다.

신이 내린 선물, 결혼을 잘 관리하는 방법. 결혼이라는 선물을 공평하게 잘 받았다. 선물을 잘 관리해야 하는데 요즈음에는 옛날과는 달리 이혼을 하는 경우가 많다. 결혼을 잘해야 하지만 관리도 잘해야 한다. 살다 보면 서로 갈등이 생긴다. 갈등이 다 나쁘지는 않다. 갈등이 나쁜 것으로 알고 빨리 해결하려고 하다 보면 불화도 있으며, 싸움도 하게 된다. 갈등은 사람이 살아가는 동안 늘 존재한다. 부부가 서로 싸우는 이유가 무엇인가? 가정을 잘되게 하려고 싸우는 것이 아닌가. 가정을 잘되게 하려고 하다가 대화의 기술이 부족해서 싸울 수 있다.

어떤 배우자를 만나야 했을까? 당신의 눈에 드는 사람을 만난 것이다. 시간을 가지고 생각해보라. 이 세상에 한편은 오직 둘뿐이다. 우선 서로의 편이 되어야 한다. 어떤 경우에도 서로의 편이 되면 아무리 어려운 일이 있어도 이겨나갈 수 있을 것이다. 서로의 장점을 찾아 자존감을 높여주면서 관리하자. 싸움은 단점에 초점을 맞추었을 때 일어나는 일이다. 장점에 초점을 맞추면 싸움이 일어나지 않는다. 이 모든 것을 이길 방법을 함께 찾아서 최선을 다해보자.

결혼을 하는 것만큼이나 결혼을 관리하는 것도 어려웠다. 결혼 초기에는 서로를 몰라서 많은 의견 대립이 일어났다. 의견 대립이 일어나는 것은 자연스러운 것이다. 의견 대립을 인정하는 것이 중요하다. 의견 대립을 하면 안 되는 줄 알고 불행하다고 생각하면서 지냈다. 불행하다고 생각하면서 이혼도 생각한다. 그래도 이혼만큼은 아니라고 자식을 끌어들인다. 자식이 끈이라고 자식 때문에 살기는 했지만 이제는 아니다. 나의 행복을 위해 우리의 행복을 위해 살아간다. 신이 내린 선물을 마음껏 받아 누린다. 우리는 둘 다 결혼을 늦게 했다.

이상한 일이다. 부모가 결혼을 빨리 하면 자녀들도 빨리 한다. 부모가 결혼을 늦게 하면 자녀들도 늦게 한다. 우리가 지금 그 상황이다. 우리 아이들이 결혼 적령기를 넘기고 있다. 우리는 재촉하지 않는다. 자녀들의 결혼 문제로 부부 간에 다툼하는 집도 있는데 우리는 둘이서 같은 마음으로 기다려준다. 결혼을 잘 관리한다는 것은 자녀 문제까지 포함한다. 각자 건강을 잘 유지하도록 힘쓰고, 하고 싶은 일을 해가면서 살면 된다는 생각이다. 남편과 나는 펜션을 운영하며 발효 곶감과 능이 등을 판매하면서 생활하고 있다. 더불어 나는 책을 쓰는 취미가 있다. 이미 공동 저서를 하나 쓰고 난 후 이 책을 썼다. 공동 저서의 제목은 『버킷리스트23』이다.

결혼은 신이 내린 선물이다. 신은 왜 남자와 여자를 같이 살게 했을까? 성경에 "여호와 하나님이 가라사대 사람의 독처하는 것이 좋지 못하니 내가 그를 위하여 돕는 배필을 지으리라 하시니라."(창 2:18)라고 나와 있다. 혼자 사는 것이 좋지 않아서 결혼하라고 하였단다. 신은 왜 결혼을 선물로 주셨을까? 신은 사람이 혼자 사는 것이 좋아 보이지 않아서, 결혼이란 선물을 주셨다. 요즈음은 그 선물을 받지 않으려는 사람들이 많다. 결혼이란 선물의 뜻을 새겨볼 필요가 있다. 신은 혼자 있는 것이 보기가 좋지 않아서 결혼을 선물로 주셨다. 또 다른 이유는 자녀를 낳아 기르라는 것이다. 누구나 결혼이라는 선물을 받았다. 그러나 옛날과는 달리 이혼을 하는 경우가 많다. 그러므로 결혼을 잘해야 하고, 관리도 잘해야 한다.

6

행복하려고 한 결혼, 행복할 수 있다

헬렌 켈러는 "행복의 한쪽 문이 닫히면 다른 쪽 문이 열린다. 그러나 흔히 우리는 닫힌 문을 오랫동안 보기 때문에 우리를 위해 열려 있는 문을 보지 못한다."라고 했다. 아하! 행복의 문이 하나만 있는 줄 알았는데 2개가 있었구나. 우리는 불행으로 닫힌 문만 바라보며, 그 문이 저절로 행복의 문으로 바뀌기만 바라고 있었다. 다른 쪽의 문이 늘 열려 있다는 것을 몰랐다. 행복의 문이 열려 있음에도 보지 못했던 눈을 이제 떠보자. 행복은 결코 멀리에 있지 않았다. 행복을 가장 가까이에서 찾아보자. 어떤 행복을 바라는 걸까?

늘 가까이에 있었던 행복. 우리는 가까이에 행복이 있는 줄 모르고 살았다. 행복은 부부의 마음속에 있었다. 배우자가 하고 싶은 일을 하도록 격려하는 마음속에 있었다. 행복은 서로 건강을 챙겨주는 마음속에 있었다. 행복은 맑은 환경에서 숨을 마음대로 쉬고 사는 곳에도 있었다. 행복은 서로가 밥을 해주는 곳에도 있었다. 행복은 서로 할 말을 다 하고 사는 곳에 있었다. 행복은 서로 눈치 보지 않는 삶에 있었다. 행복은 가슴 뛰게 하는 꿈에 있었다. 행복은 서로의 꿈을 공유하는 곳에 있었다. 행복은 배우자의 장점을 보려는 마음속에 있었다. 행복은 배우자가 무엇을 하는지 관심을 갖는 마음에 있었다. 행복은 아침이면 잘 잤는지 서로 확인하는 마음속에 있었다. 행복은 교통사고를 만나지 않았는지 서로 걱정하는 마음속에 있었다. 행복은 일하는 것이 힘이 들지 않는지 염려하는 마음속에 있었다. 행복은 아이들이 자기가 원하는 삶을 사는 곳에 있었다. 행복은 늘 가까이에 있었다. 행복은 닫힌 문 옆에 늘 있었다. 이제 그 문이 닫히지 않도록 노력해야겠다.

어떤 행복을 바라는 걸까? 낸시 설리번은 "당신의 행복은 무엇이 당신의 영혼을 노래하게 하는가에 따라 결정된다."라는 말을 했다. 부부는 결혼하면서 행복하기를 바란다. 어떤 행복을 바라는가. 서로 원하는 것을 할 수 있기를 바라는 것이 아닐까. 결혼하기 전에는 내 마음대로 할 수 있던 것을 결혼 후에는 할 수 없으니 행복하지 않다고 하는 것은 아닐까? 결혼하면서 새 판을 짜야 하는데 새 판을 짜지 못해서 나타나는 현상이라는 생각이 들기도 한다. 요즈음 부부는 어떤 행복을 바라는 걸까?

행복한 결혼이란 부부가 서로 만족하는 삶이 아닌가 생각한다. 배우자 중 한 사람만의 만족은 행복이 아닐 것이다. 부부가 모두 만족하는 삶이 진정 행복한 삶이다. 결혼은 신이 내린 선물이다. 부부가 그것을 감사하게 생각하면 좋겠다. 결혼은 종합예술 무대에서 아름다운 공연을 하는 것과 같이 사는 것이다. 진짜 인생은 결혼에서 시작된다.

행복한 결혼을 위해서는 노력이 필요하다. 누구나 행복한 결혼을 꿈꾼다. 그러나 꿈꾸는 만큼 행복한 결혼생활을 하는 사람들은 얼마나 될까? 상처로 얼룩진 결혼생활, 회복하는 기술을 활용하는 지혜가 필요하다. 불행하다고 생각했던 과거를 모두 지워버려야 한다. 오직 행복해지기 위한 오늘과 내일을 위해 노력해야 한다. 불행하다고 생각했던 과거에는 천하에 기댈 곳이 한 군데도 없어서 외로웠다. 남편은 점점 남의 편이 되어갔다. 대화하면 할수록 멀어져갔던 부부 사이였다. 밥만 하는 여자로 살아야 하는가? 신세타령만 하였다. 영혼 없는 말만 오고 가는 부부였다. 미주알고주알 이야기하는 남편이 싫었다. 오죽하면 세탁기를 잡고 울었겠는가? 복장이 터지는 일이 한두 번이었겠는가.

그런데도 오직 행복의 방향으로, 부부가 중심이 되어 살아가는 삶을 염원했다. 부부 중심의 삶은 부부만의 공동 목표를 정하고, 양가로부터 독립하여, 배우자에 대한 착각의 껍질을 벗기고, 서로 간 불화의 원인도 제거하고, 배우자의 자존감을 높여주고, 의미 있는 일을 함께하고, 미래의 꿈을 공유하고, 감정 계좌의 잔고를 확인하면서 살아가는 것이다.

행복하려고 한 결혼, 행복할 수 있다. 한쪽의 행복 문으로 들어간 불행들은 미련 없이 보내버리자. 착각의 껍질과 불화의 원인, 부정적인 대화 방식, 감정 계좌에서 빠져나간 감정은 더 이상 생각하지 않아야 한다. 그것을 다시 소환하지 말고 살아야 한다. 행복은 착각 속에 있지 않다. 행복은 부정적인 대화 방식에는 존재하지 않는다. 행복은 문제와 행동을 구별하게 하지도 않는다. 행복은 갈등이나 싸움도 사라지게 한다. 행복은 서로의 편이 된다. 행복은 서로 최선을 다하는 곳에 있었다.

'행복하려고 결혼했는데 왜 불행할까?'란 말은 이제 하지 말자. '왜 점점 남의 편이 되는 걸까?'라고 생각할 필요도 없다. 모두가 과정이다. '노력하지 않고 내 마음 같은 배우자는 없다'는 말을 기억하자. 상처로 얼룩진 불행한 결혼생활을 모두 청산하자. 부부관계는 노력하면 더 좋아질 수 있다. 신이 내린 선물, 결혼에 감사하자. 배우자의 장점을 찾아 칭찬하자. 부부 중심으로 모든 것을 재편하자. 결혼을 종합예술로 꽃을 피워보자. 진짜 인생을 결혼으로 성공해보자.

행복한 결혼생활을 하는 것이 답이다. 이혼이나 불행한 결혼생활을 하는 것은 결코 행복한 결혼생활보다 나을 것이 없다. 워싱턴대학교 '시애틀 애정 문제 연구소'의 세계적인 심리학자 존 가트맨의 연구가 발표되었다. 그의 발표에 의하면 이혼을 했거나 불행한 결혼생활을 하는 사람이 행복한 결혼생활을 하는 사람들보다 병에 걸릴 확률이 35%나 높다고 한다. 또한 수명은 4~8년 정도나 단축된다고 한다. 이에 그치지 않고, 이들은 고혈압이나 심장병을 가져오고, 심리적 불안, 우울증, 자살, 폭력, 정신질환, 살인, 쇼핑중독증, 낭비벽이 있다고 한다. 이혼은 면역 시스템을 떨어뜨린다고 한다.

행복한 결혼보다 이혼이나 불행한 결혼생활을 하는 것이 더 나으면 그렇게 해야겠지만 연구 결과에서 보듯이 행복하게 사는 것이 더 좋은 결과를 나타낸다. 이는 선택의 여지가 없을 것이다. 행복하게 사는 것은 필수다. 이 발표는 다시금 불행으로 가지 않게 하는 연구 결과였다. 다시 한 번 행복의 문이 닫히지 않도록 노력해야 한다는 생각을 하였다.

행복하려고 한 결혼, 정말 행복할 수 있을까? 행복하려고 한 결혼, 불행하게 느꼈던 이유는 배우자의 장점을 멀리하는 데 있다고 생각한다. 우리 부부는 어떤 행복을 바라는 걸까? 부부는 결혼하면서 행복하기 바란다. 서로 원하는 것을 할 수 있기를 바란다. 결혼하기 전에는 내 마음대로 할 수 있던 것을 결혼 후에는 할 수 없으니 행복하지 않다고 하는 것은 아닐까? 결혼하면서 새 판을 짜야 하는데 새 판을 짜지 못해서 나타나는 현상이라는 생각이 들기도 한다.

행복한 결혼을 위한 노력. 누구나 행복한 결혼을 꿈꾼다. 꿈꾸는 만큼 행복한 결혼생활을 하는 사람들은 얼마나 될까? 상처로 얼룩진 결혼생활, 회복하는 기술을 활용하는 지혜가 필요하다. 행복한 결혼이란 부부가 서로 만족하는 삶이 아닌가 생각한다. 배우자 중 한 사람만의 만족은 행복이 아닐 것이다. 부부가 모두 만족하는 삶이 진정 행복한 삶이 아닌가 싶다. 배우자의 장점을 발견하고 함께 간다면 행복할 수 있다. 결혼은 신이 내린 선물이다.

행복하려고 한 결혼, 행복할 수 있다!

나는 미치도록 행복해지고 싶었다. 나는 부모의 이혼으로 마음고생을 많이 하며 힘들게 살았다. 결혼에 자신이 없었다. '자식은 부모 팔자를 닮는다'는 말이 있지 않던가. 그 말에 사로잡혀서, 결혼하면 실패할 것이라는 생각이 들던 때가 있었다. 한편 '결혼은 해도 후회, 안 해도 후회'라는 말도 있다. 나중에는 후회를 해도, 해보고 후회를 하자는 쪽으로 마음이 기울어서 결혼하게 되었다. 모든 것은 다 양면성이 있는 법, 좋은 쪽으로 생각하며 부모 팔자 닮지 말고 결혼해서 행복하게 살자고 결심했다. 당연한 기대를 하면서 결혼을 하였다.

1년여는 행복하였다. 그 행복은 잠깐 왔다가 갔다. 불행이라는 생각이 찾아왔다. 모든 것을 남편 탓으로 돌렸다. 건강이 무너지고 삶의 의욕마저 생기지 않을 만큼 힘든 시기가 있었다. 무엇이 문제였던가.

결혼한 지 37년이나 되는 시점에서 나는 『결혼생활 행복하세요?』란 책을 쓰게 되었다. 책을 쓰면서 나는 나를 키워냈던 친정을 돌아보았다. 남편과의 삶을 돌아보았다. 나에게는 부모의 이혼이 치명적인 상처였다. 상담 공부를 하면서 어릴 때 부모로부터 받은 상처로 세상을 바라보았음을 깨달았다. 부모가 원망의 대상이었고, 죄 없는 남편도 원망의 대상이었던 것이다. 부모를 용서하고 편안한 관계가 되었다.

그러나 남편에게는 늘 불편한 마음이 존재했다. 남편의 장점보다는 단점이 내 눈에 서성였던 것이다. 책을 쓰면서 면밀히 분석해보았다. 우리 부부는 부정적인 언어로 대화를 하고 있었다. 부정적인 언어 중에서도 나를 가장 많이 힘들게 하였던 언어는 '왜'와 지시적인 말투였다. '왜'라는 말과 '지시적인 말'을 들으면 나는 가슴이 답답해졌다. 그 말은 늘 싸움의 불을 지폈다.

나는 미치도록 행복해지고 싶었다. 행복하게 살려고 많은 노력을 했다. 상담소도 찾아갔다. 책도 썼다. 상담소에서 일부 해결하였다. 잔여 문제는 책을 쓰면서 해결되었다. 책을 쓰면서 나의 문제가 치유되었다. 책을 쓰면서 어느 때는 울다가 어느 때는 웃었다. 나 자신이 처량했던 때 슬퍼서 울었고, 남편에게 잘해주지 못했던 것이 생각나서 울었다. 책을 다 쓰고 나니 신기한 일이 생겼다. 남편에 대한 불편한 마음이 사라졌다.

남편이 나를 대하는 태도도 달라졌다. 남편은 여전히 '왜'라는 말을 하고 있는데 신기하게도 '왜'라는 말이 거슬리지 않는다. 오히려 '내 자기'라는 닭살 돋는 언어로 바뀌었다. 그토록 바라던 미치도록 행복해지고 싶었던 행복한 결혼생활이 찾아온 것이다.

행복하려고 한 결혼, 행복할 수 있다! 행복과 불행은 한 끗 차이다. 앞에서도 이야기했지만, 나는 미치도록 행복해지고 싶었다. 그래서 노력했다. 결혼한 지 37년이나 되는 시점에서 나는 『결혼생활 행복하세요?』란 책을 쓰게 되었다. 책을 쓰면서 나의 문제가 치유되었다. 신기한 일이 일어났다. 그토록 나를 힘들게 했던 '왜'라는 말과 지시적인 말투에 불편함이 없다. 오히려 '내 자기'라는 닭살 돋는 언어로 바뀌어서 남편이 당황하면서 좋아하고 있다.

이제 남편과 엄청나게 친한 사이가 되었다. 이전에는 방송을 촬영할 때 친한 척을 하라고 해서 했다. 그런데 이제는 정말로 친해졌다. 37년여 결혼생활을 하면서 부부의 언어와 가정의 언어가 필요함을 깨닫게 되었다. 행복을 방해하는 언어를 알리고, 행복해지기 위한 언어를 알리기 위해 이 책을 쓰게 되었다.

그러나 나의 문제가 해결되니 더는 문제가 없었다. 모든 것은 나의 문제였고, 나의 문제를 해결하는 것이 먼저였다. 이 책이 행복과 불행의 사이에서 방황하는 많은 분들에게 도움이 되기를 바란다.